普通高等教育高职高专“十二五”规划教材 土建类

建筑工程制图习题集

（第二版）

主　编　张多峰
副主编　黄紫园　王瑞红　孙　刚　陈红中　颜志敏　李永祥
主　审　靳兆荣

中国水利水电出版社
www.waterpub.com.cn

内 容 提 要

本习题集是根据“普通高等教育高职高专‘十二五’规划教材 土建类”的要求编写的，与中国水利水电出版社出版张多峰主编的《建筑工程制图（第二版）》配套使用。

本习题集的编写顺序与配套教材一致，紧密结合教材章节和课堂学时安排习题集内容。与传统教材相比，适当增加了单面投影图、三视图、组合体、轴测图等部分的习题数量，减少了手工仪器作图的训练内容。有关计算机绘图的内容不在本教材中体现。

本习题集可供高等职业院校建筑工程专业教学使用，同时可供工程技术人员参考。

图书在版编目（CIP）数据

建筑工程制图习题集 / 张多峰主编. -- 2版. -- 北京：中国水利水电出版社，2012.6(2020.8重印)
普通高等教育高职高专“十二五”规划教材. 土建类
ISBN 978-7-5084-9800-3

Ⅰ. ①建… Ⅱ. ①张… Ⅲ. ①建筑工程－建筑制图－高等职业教育－习题集 Ⅳ. ①TU204-44

中国版本图书馆CIP数据核字(2012)第147395号

书　　名	普通高等教育高职高专“十二五”规划教材 土建类 **建筑工程制图习题集（第二版）**
作　　者	主编 张多峰 主审 靳兆荣
出版发行	中国水利水电出版社 （北京市海淀区玉渊潭南路1号D座 100038） 网址：www.waterpub.com.cn E-mail：sales@waterpub.com.cn 电话：（010）68367658（营销中心）
经　　售	北京科水图书销售中心（零售） 电话：（010）88383994、63202643、68545874 全国各地新华书店和相关出版物销售网点
排　　版	中国水利水电出版社微机排版中心
印　　刷	北京瑞斯通印务发展有限公司
规　　格	260mm×184mm 横16开 13印张 160千字
版　　次	2007年2月第1版 2007年2月第1次印刷 2012年6月第2版 2020年8月第5次印刷
印　　数	12001—14000册
定　　价	**29.00**元

凡购买我社图书，如有缺页、倒页、脱页的，本社营销中心负责调换

第二版前言

本习题集是根据“普通高等教育高职高专‘十二五’规划教材　土建类”的要求而改编的，与中国水利水电出版社出版的张多峰主编的《建筑工程制图（第二版）》配套使用。

习题集在编写过程中，根据高职教育的培养目标，根据土建类就业岗位知识需求选取习题集的内容，紧密结合教材章节和课堂学时进行习题集内容的组织安排。考虑到计算机绘图技术已经普及，习题集在内容上减少了手工仪器作图训练内容。

参加本书编写工作的有：山东水利职业学院张多峰，广东水利电力职业技术学院黄紫园，山西水利职业技术学院王瑞红，河北工程技术高等专科学校孙刚，华北水利水电学院水利职业学院陈红中，福建水利电力职业技术学院颜志敏，安徽水利水电职业技术学院李永祥。张多峰任主编，黄紫园、王瑞红、孙刚、陈红中、颜志敏、李永祥任副主编，山东水利职业学院靳兆荣任主审。

本习题集可供高等职业院校建筑工程专业教学使用，同时可供工程技术人员参考。热忱欢迎读者对本书批评指正。

编　者

2012年3月

第一版前言

本习题集是根据“全国高职高专土建类精品规划教材”的要求编写的，与中国水利水电出版社出版张多峰主编的《建筑工程制图》配套使用。

本习题集在编写过程中，根据高职教育的培养目标，认真研究了每个习题的内容和难度，紧密结合教材章节和课堂学时安排组合习题集内容。计算机绘图的内容不在本教材中体现，习题集在内容上减少了手工仪器作图训练内容。

本习题集供高等职业院校建筑工程专业教学使用，同时可供工程技术人员参考。

参加本书编写工作的有：山东水利职业学院张多峰，广东水利电力职业技术学院黄紫园，山西水利职业技术学院王瑞红，河北工程技术高等专科学校孙刚，华北水利水电学院水利职业学院陈红中，福建水利电力职业技术学院颜志敏，安徽水利水电职业技术学院李永祥。其中，张多峰任主编，黄紫园、王瑞红、孙刚、陈红中、颜志敏、李永祥任副主编，山东水利职业学院靳兆荣任主审。

由于作者水平有限，加上时间仓促，书中难免有不足之处，敬请广大读者批评指正。

作者

2006年12月

目　　录

第1章　建筑制图的基本知识

1-1 制图基本知识填空	姓名		学号		页次	1

1. A3图幅的尺寸为 ________ ，A4图幅的尺寸为________。

2. 绘图比例是指________大小与________大小之比。

3. 主要建筑构造的轮廓用________线绘制，次要建筑构造的轮廓用________线绘制。

4. 尺寸线和尺寸界线用________线绘制。

5. 一个完整的尺寸包括________、________、________、________四个部分。

6. 标注线性尺寸数字时，水平尺寸注在尺寸线的______方，竖直尺寸注在尺寸线的______方，字头朝______。

7. 尺寸起止符号一般用________绘制，其倾斜方向与尺寸界线成顺时针______，长度宜为______mm。

8. 建筑图中尺寸数字的大小一般为________mm。

9. 国家标准规定，角度尺寸数字应______注写。

10. 制图中常用的绘图铅笔型号有______、______、______、______几种。

1-2 在指定位置画出同样的图线	姓名		学号		页次	2

1.

2.

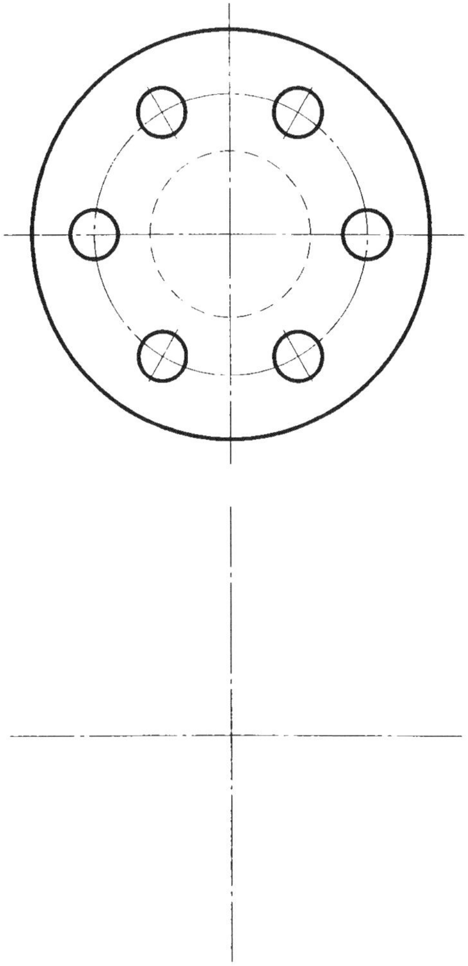

1-3 按1：1比例画出标题栏	姓名		学号		页次	3

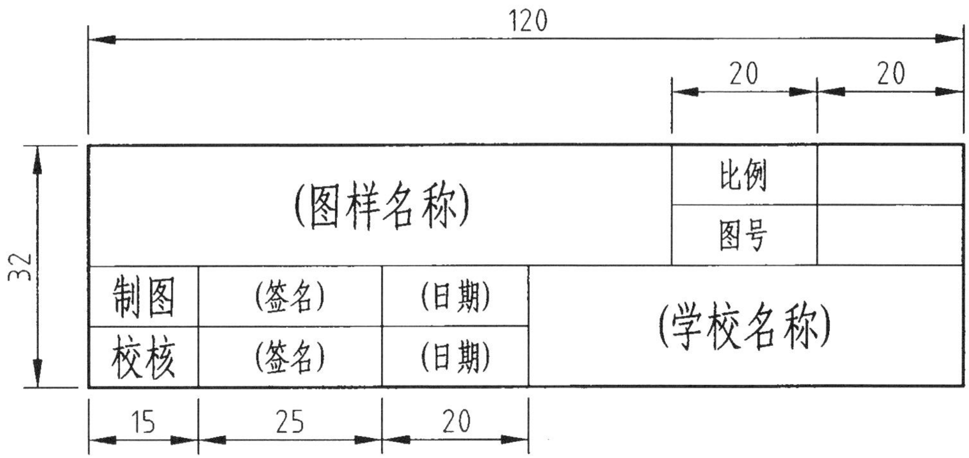

1-4 尺寸基本注法练习	姓名		学号		页次	4

1.注出尺寸数字(直接量取并取整数)

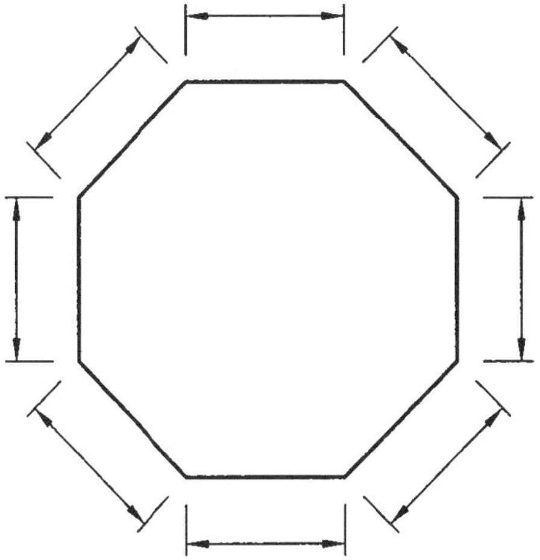

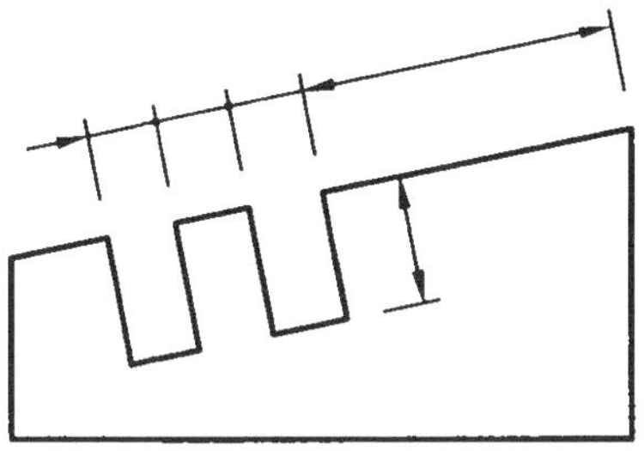

2.注出图中的角度尺寸(直接量取并取整数)

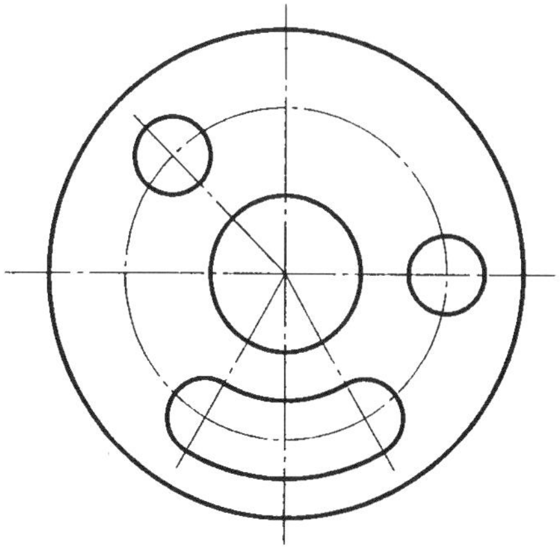

3.注出图中的圆弧半径尺寸(直接量取并取整数)

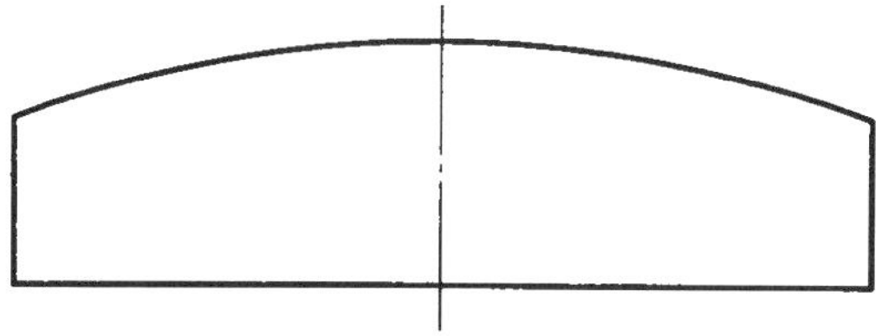

1-5 标注尺寸(数值从图上量取)	姓名		学号		页次	5

1.

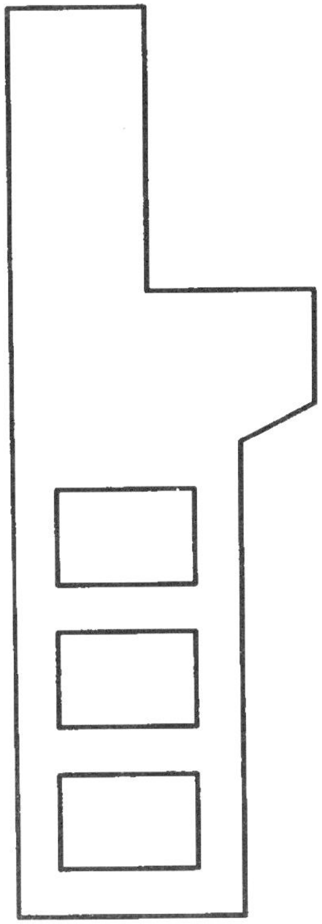

2.

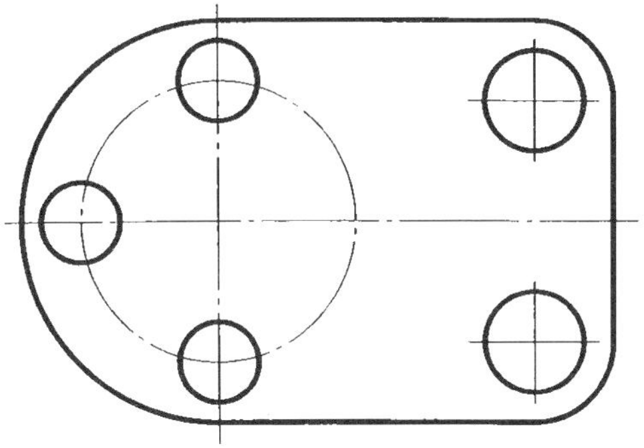

3.

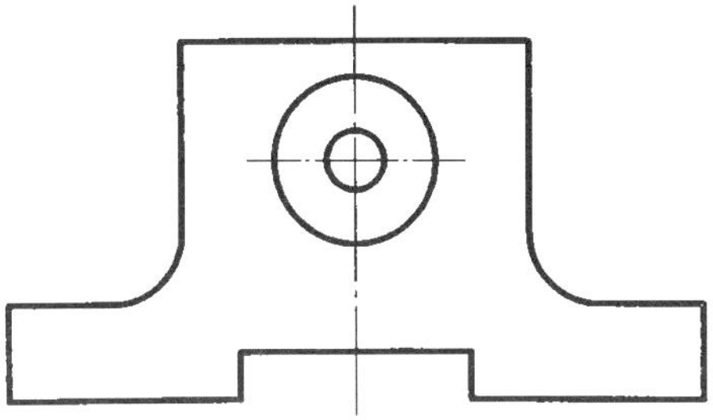

1-6 徒手画出给定图形	姓名		学号		页次	6

1.

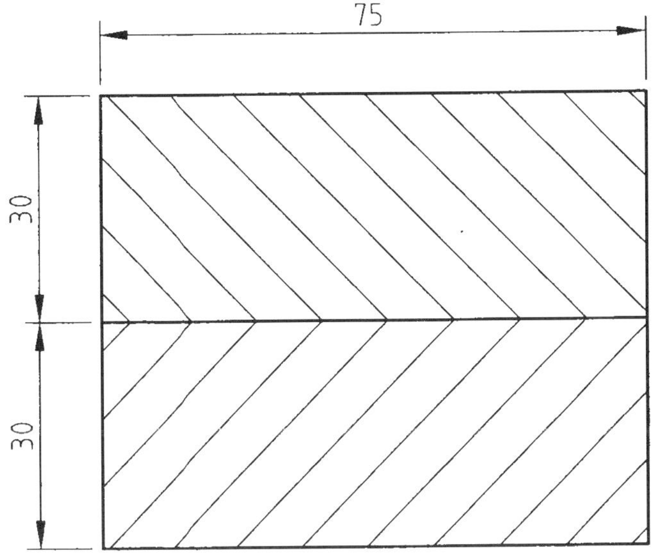

1-6 徒手画出给定图形	姓名		学号		页次	7

2.

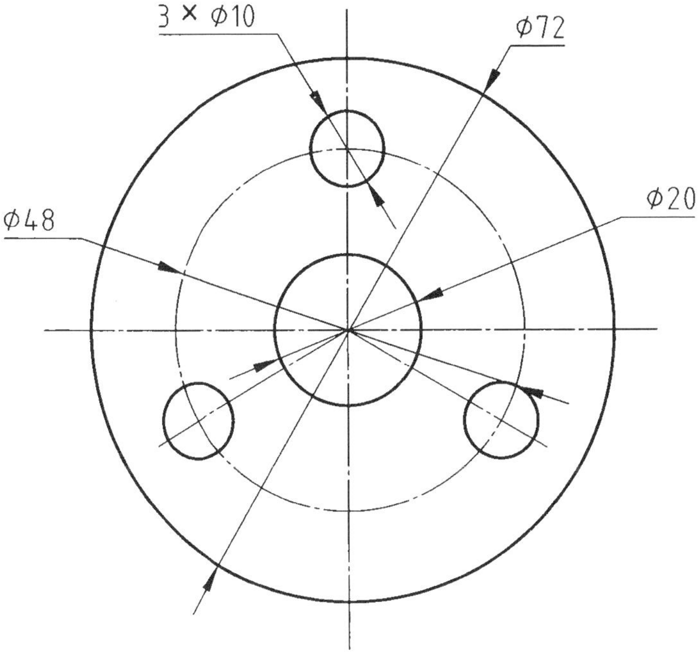

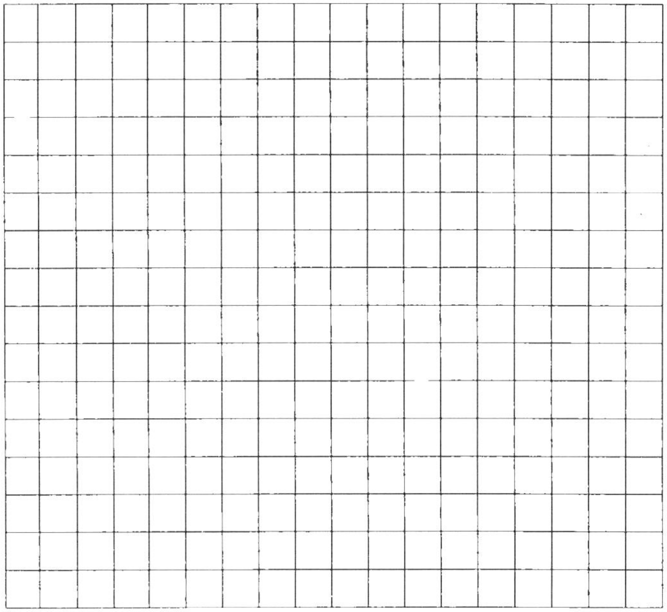

1-6 徒手画出给定图形	姓名		学号		页次	8

3.

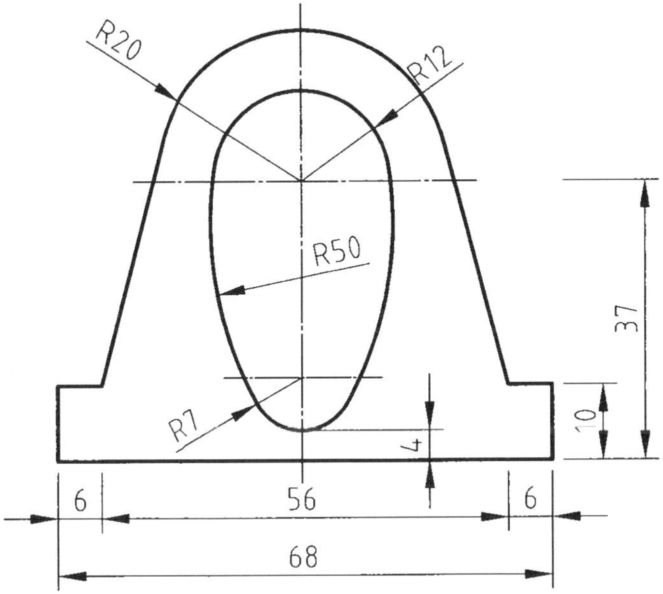

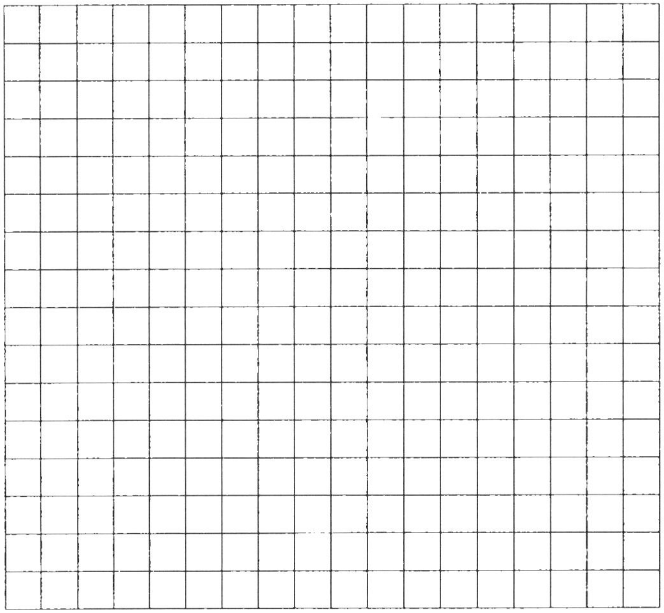

第2章 投影的基本知识

2-1 根据立体图画单面投影图	姓名		学号		页次	9

1.例题

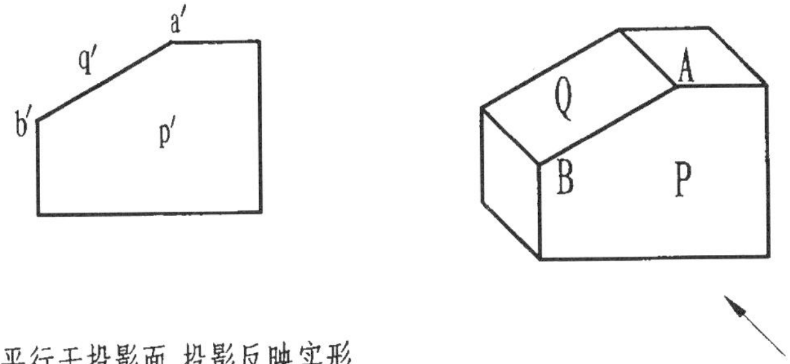

P平面<u>平行</u>于投影面,投影<u>反映实形</u>

Q平面<u>垂直</u>于投影面,投影<u>积聚成直线</u>

AB直线<u>平行</u>于投影面,投影<u>反映实长</u>

2.

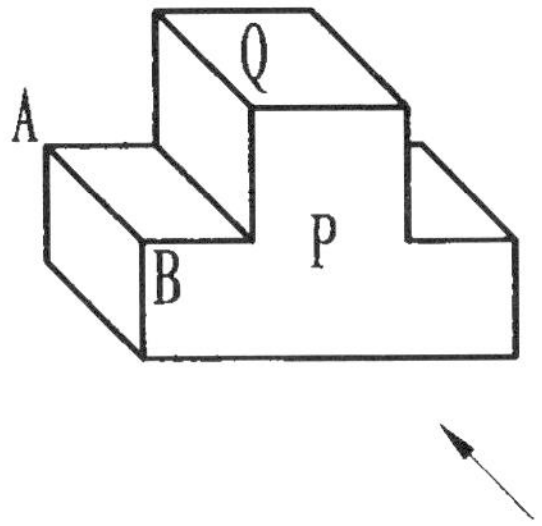

P平面_____于投影面,投影 ___________

Q平面_____于投影面,投影 ___________

AB直线_____于投影面,投影 ___________

3.

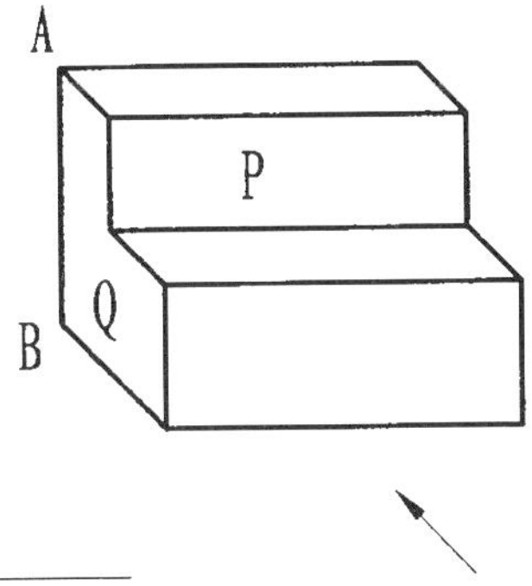

P平面_____于投影面,投影 ___________

Q平面_____于投影面,投影 ___________

AB直线_____于投影面,投影 ___________

4.

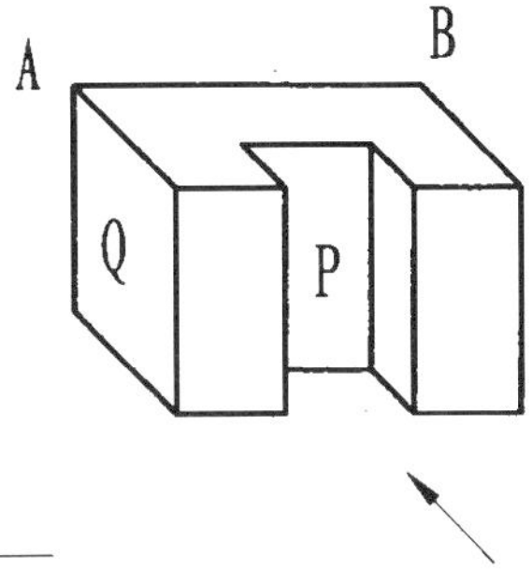

P平面_____于投影面,投影 ___________

Q平面_____于投影面,投影 ___________

AB直线_____于投影面,投影 ___________

2-1 根据立体图画单面投影图	姓名		学号		页次	10

5.

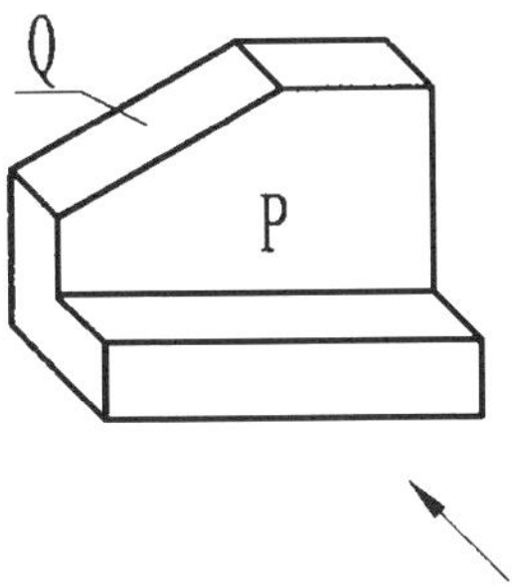

P平面______于投影面，投影 ____________

Q平面______于投影面，投影 ____________

6.

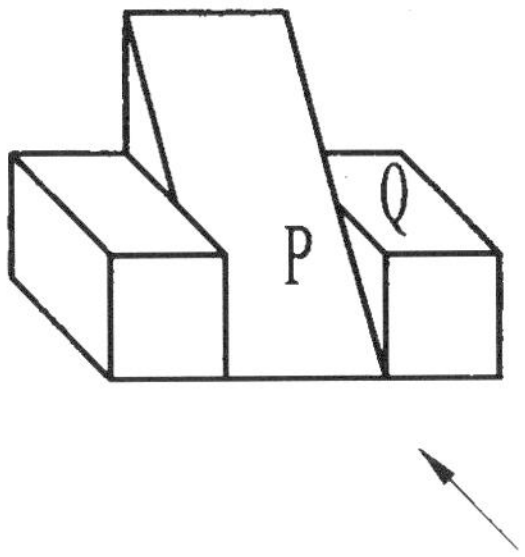

P平面______于投影面，投影 ____________

Q平面______于投影面，投影 ____________

7.

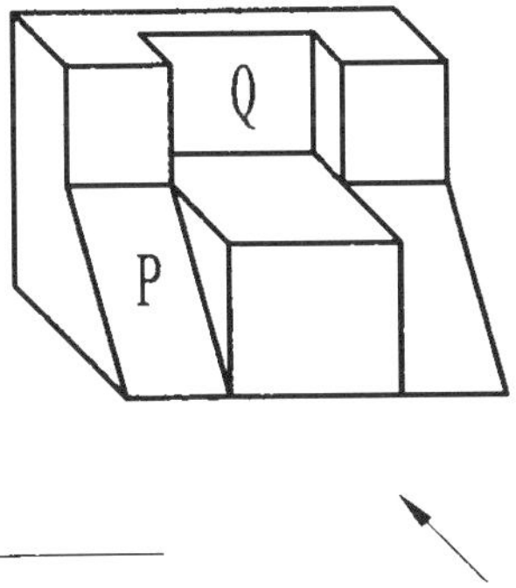

P平面______于投影面，投影 ____________

Q平面______于投影面，投影 ____________

8.

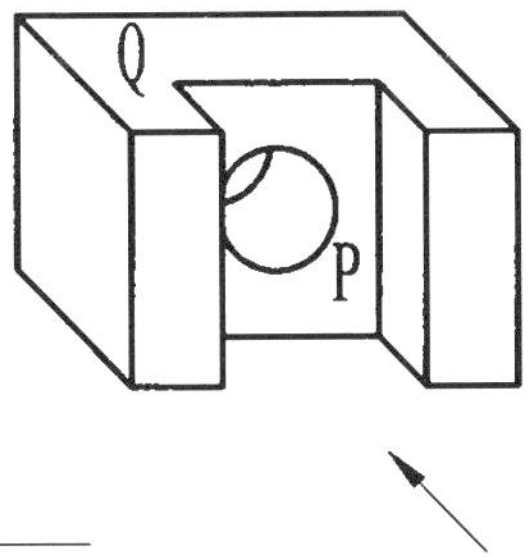

P平面______于投影面，投影 ____________

Q平面______于投影面，投影 ____________

2-1 根据立体图画单面投影图	姓名		学号		页次	11

9.

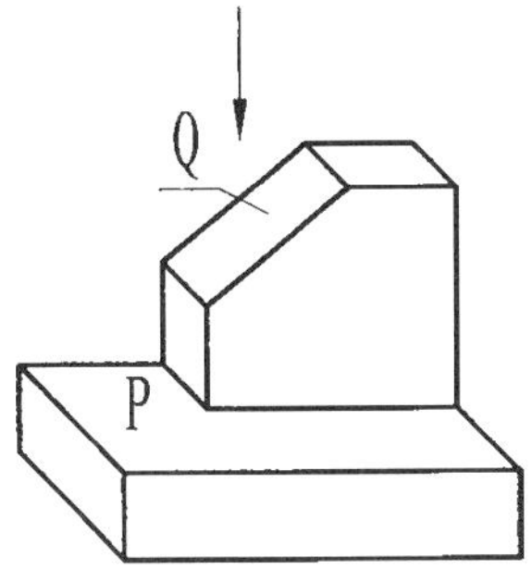

P平面_____于投影面,投影 ____________

Q平面_____于投影面,投影 ____________

10.

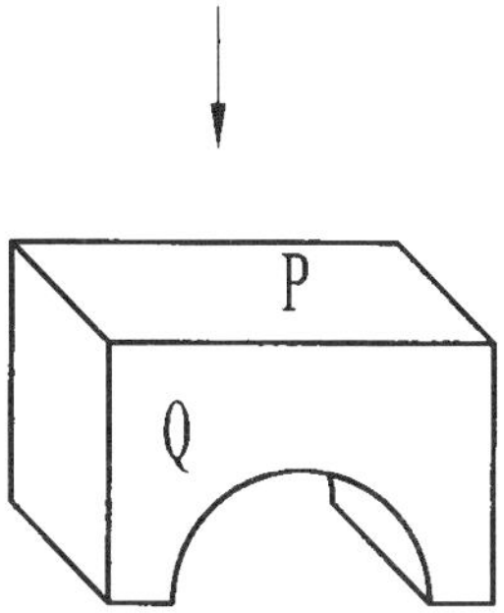

P平面_____于投影面,投影 ____________

Q平面_____于投影面,投影 ____________

11.

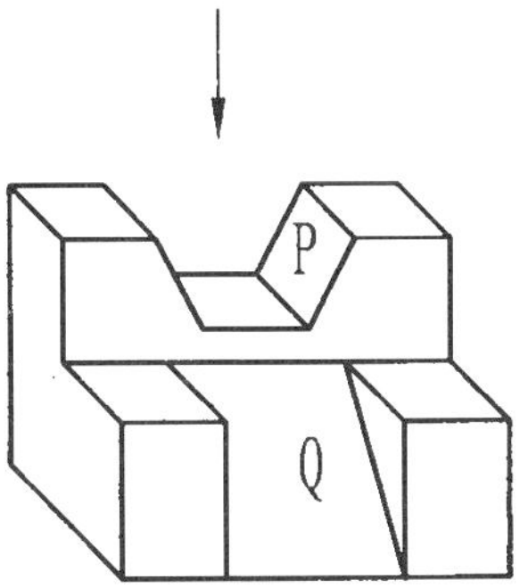

P平面_____于投影面,投影 ____________

Q平面_____于投影面,投影 ____________

12.

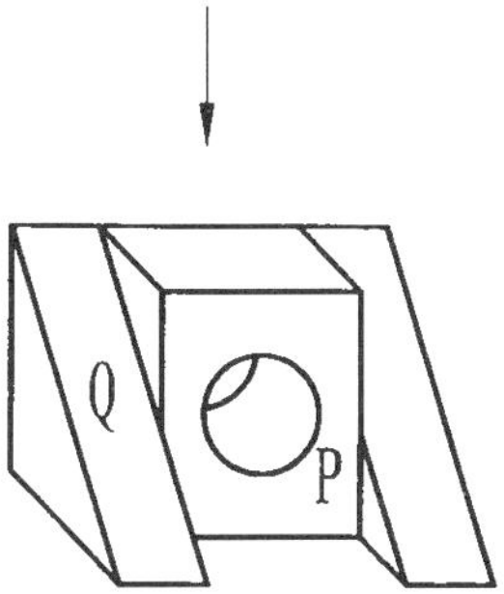

P平面_____于投影面,投影 ____________

Q平面_____于投影面,投影 ____________

2-2 根据立体图找出对应的三视图	姓名		学号		页次	12

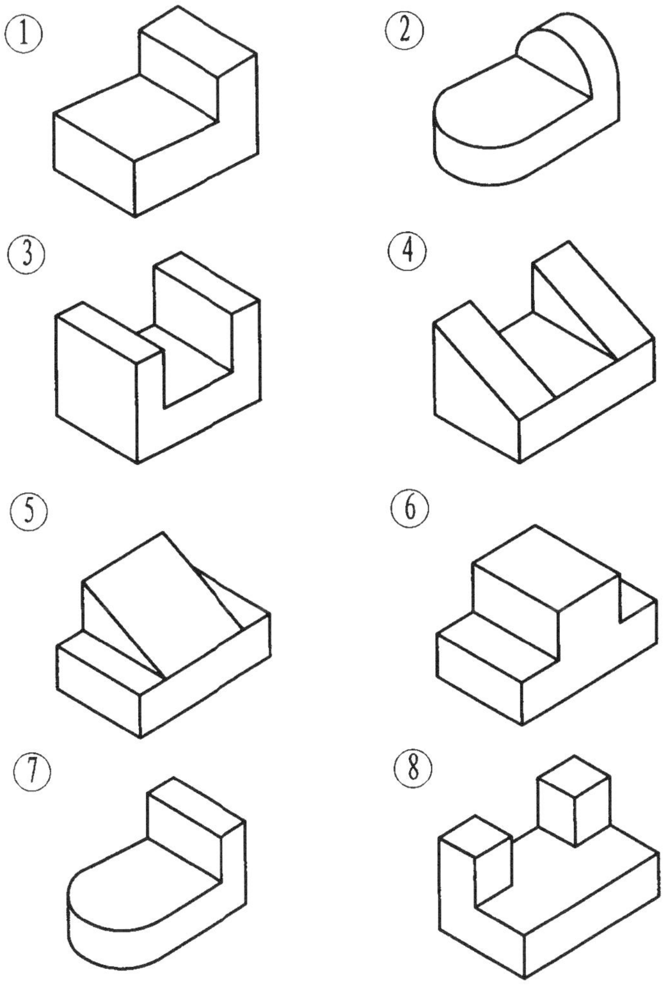

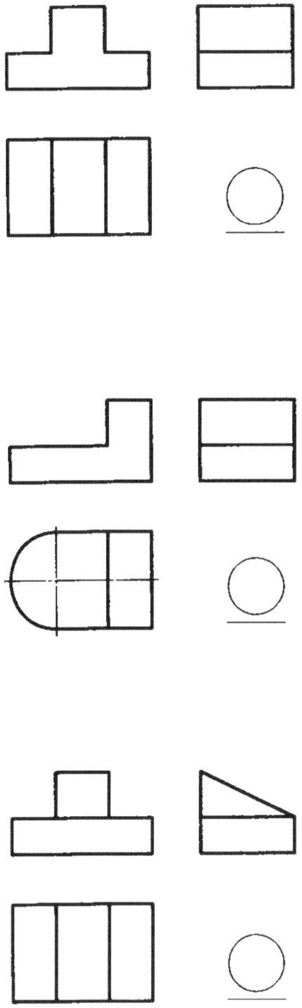

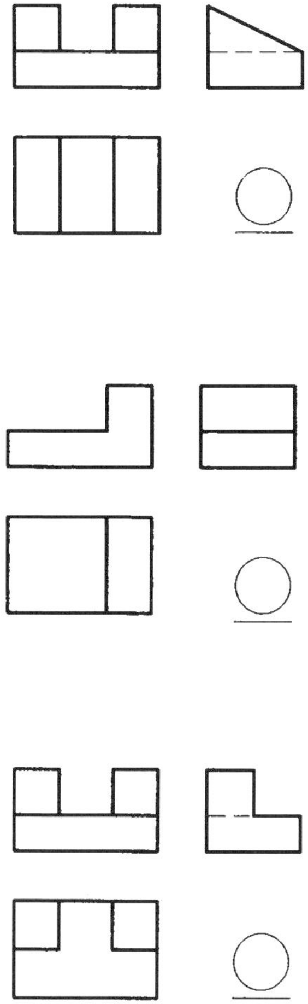

2-3 根据两视图找出正确的俯视图	姓名		学号		页次	13

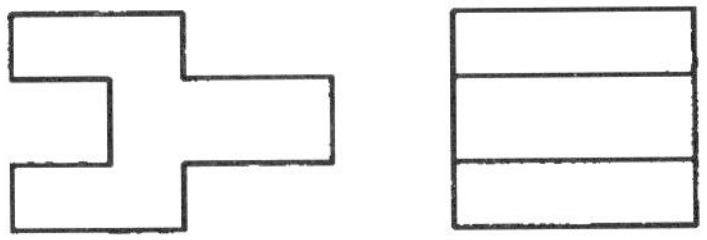

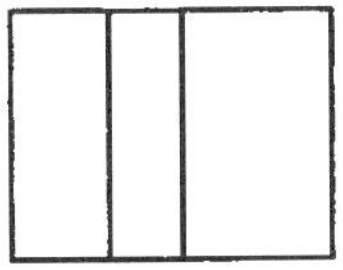
① ______

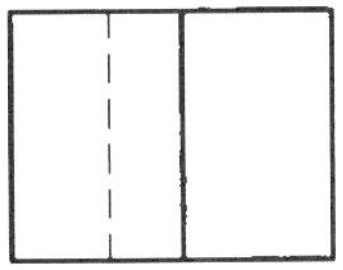
② ______

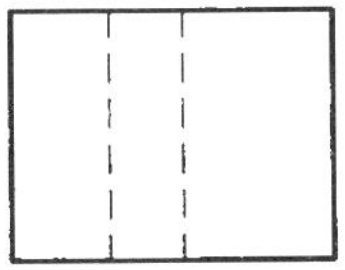
③ ______

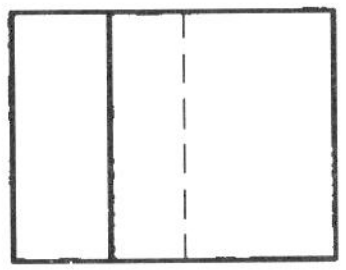
④ ______

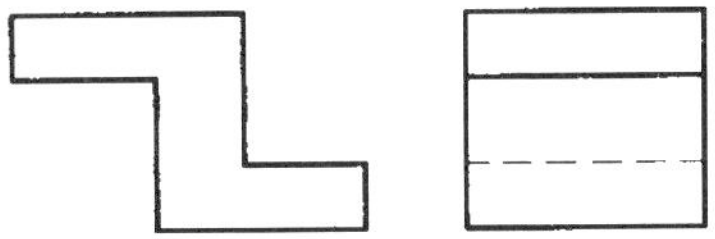

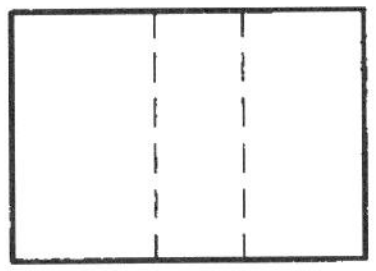
① ______

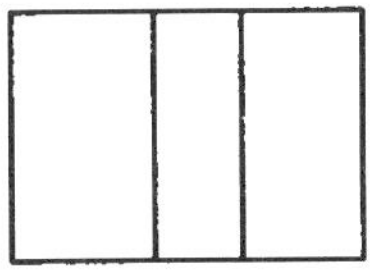
② ______

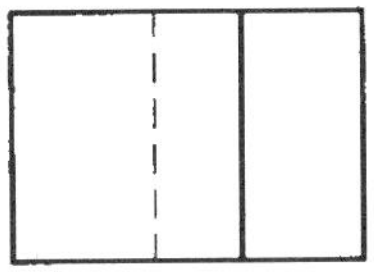
③ ______

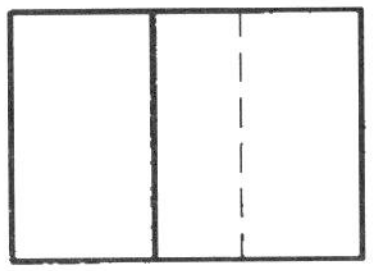
④ ______

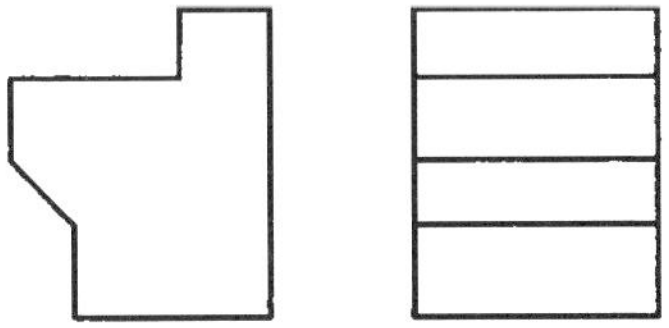

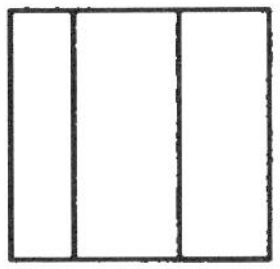
① ______

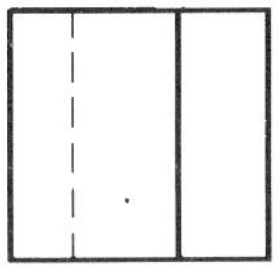
② ______

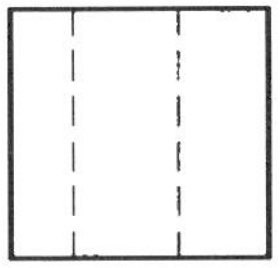
③ ______

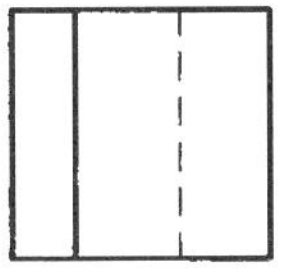
④ ______

2-4 补画三视图中的漏线	姓名		学号		页次	14

1.

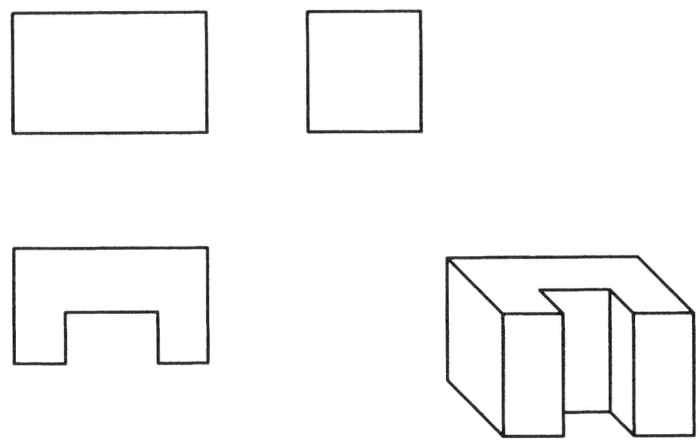

2.

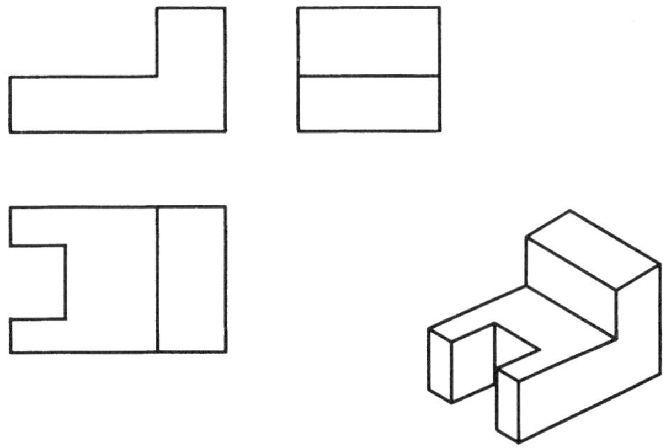

3.

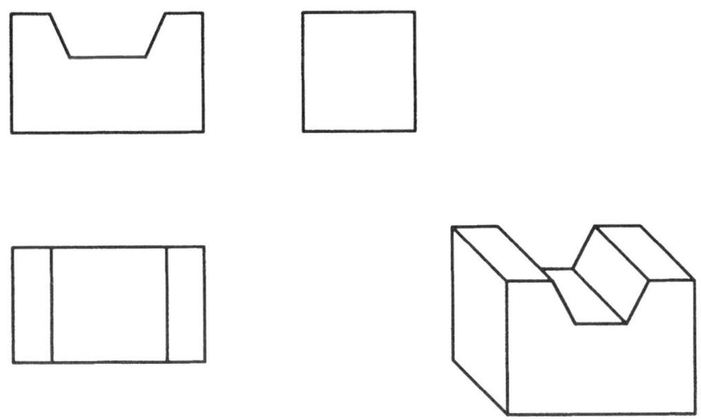

4.

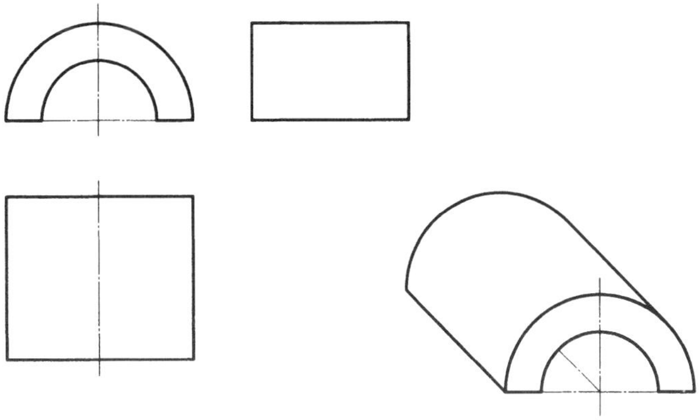

2-5 根据立体尺寸画三视图	姓名		学号		页次	15

1.

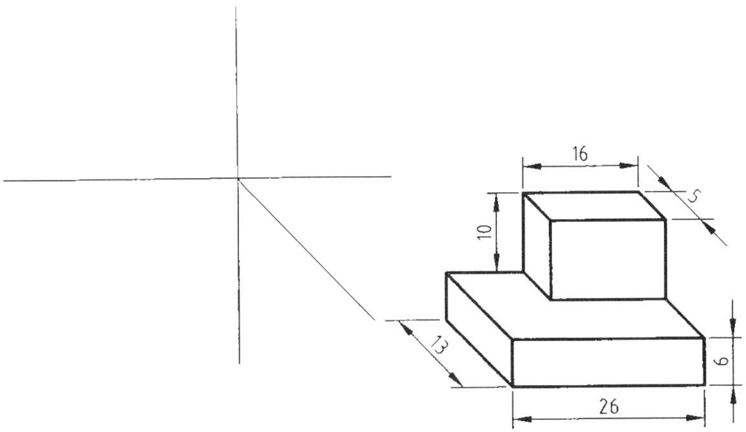

2.

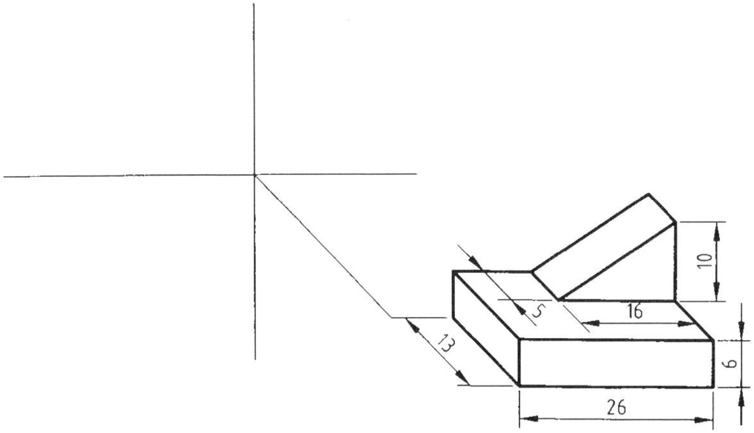

3.

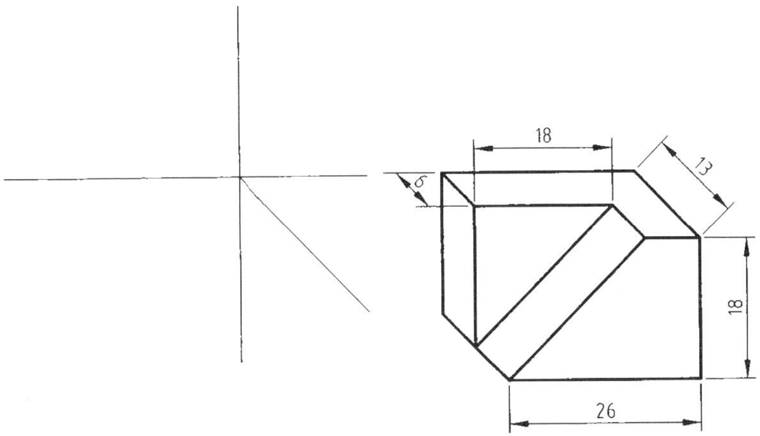

4.

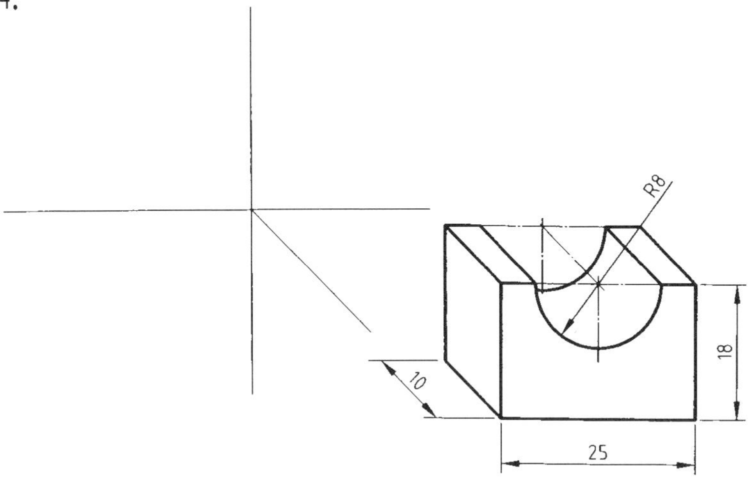

2-6 根据立体图画三视图	姓名		学号		页次	16

1.

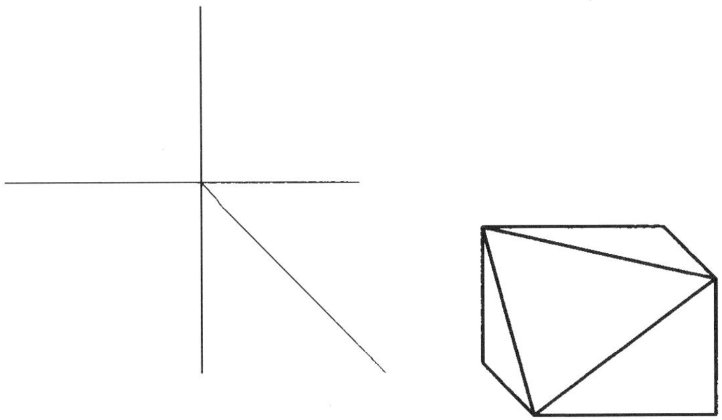

2.

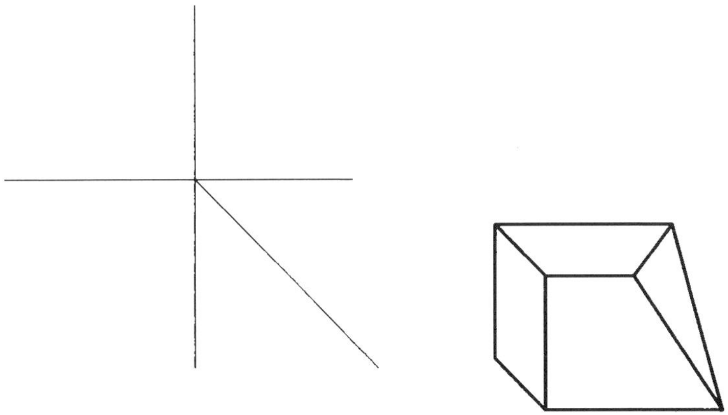

3.

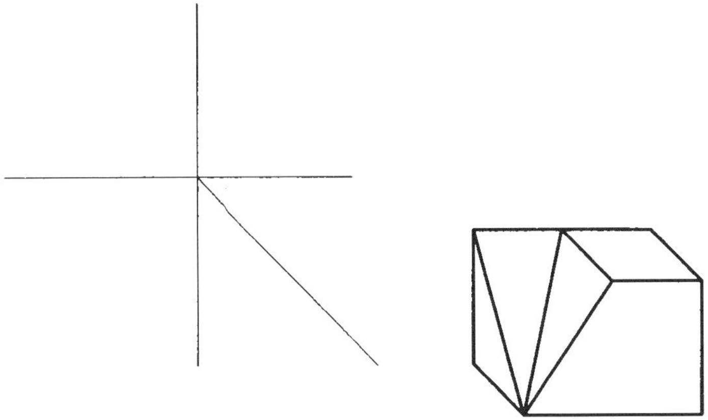

4.

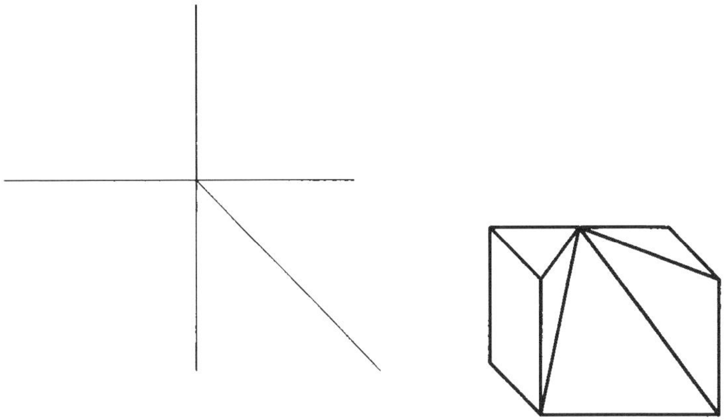

2-6 根据立体图画三视图	姓名		学号		页次	17

5.

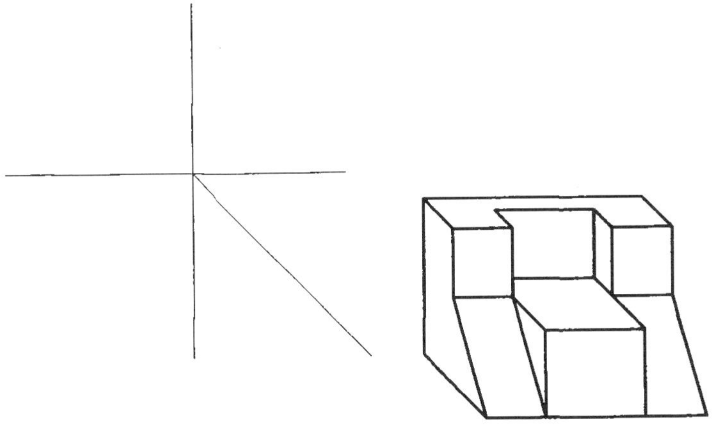

6.

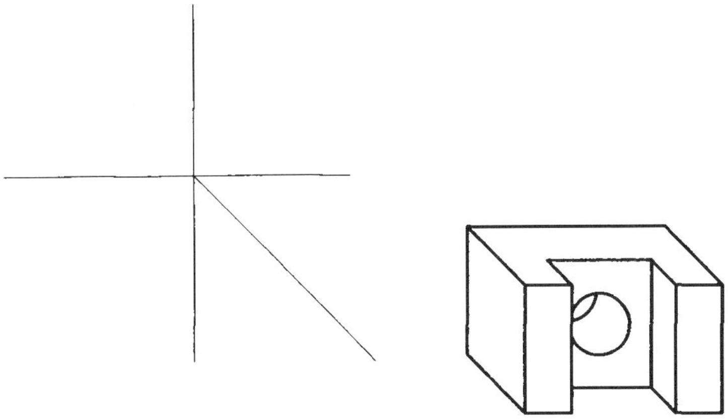

7.

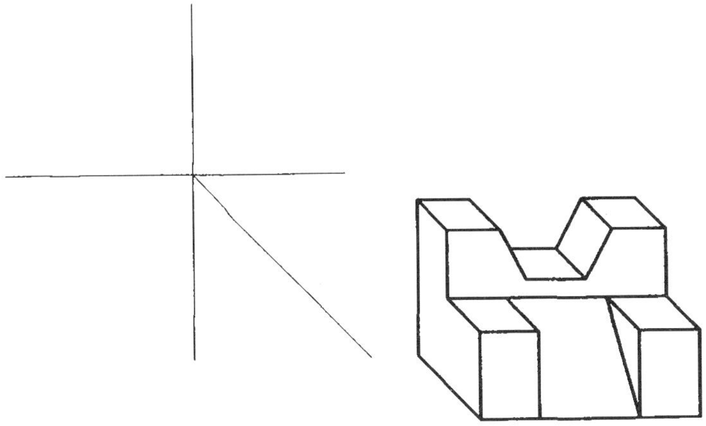

8.

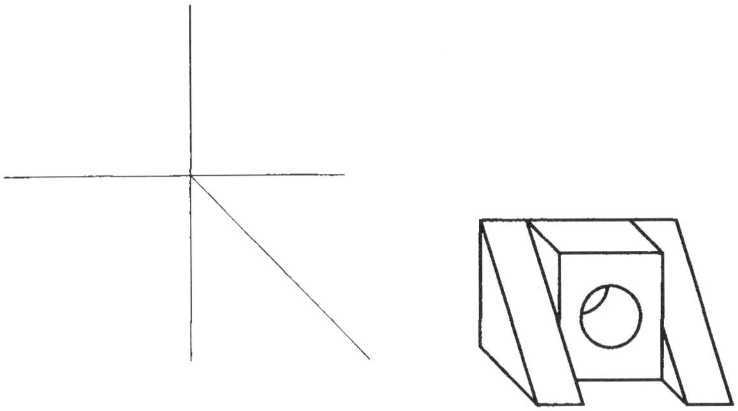

第3章 点、直线、平面的投影

3-1 点的投影	姓名		学号		页次	18

1. 已知点D(20,12,17)、E(12,0,23)、F(0,15,0)，试作这些点的直观图和投影图

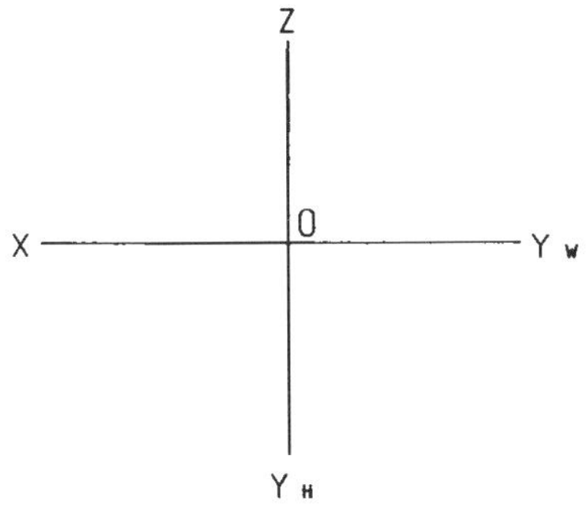

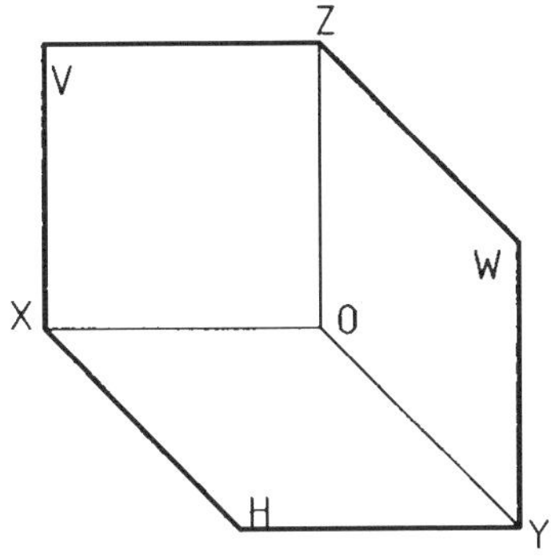

2. 已知下面各点的两投影，求作它们的第三投影

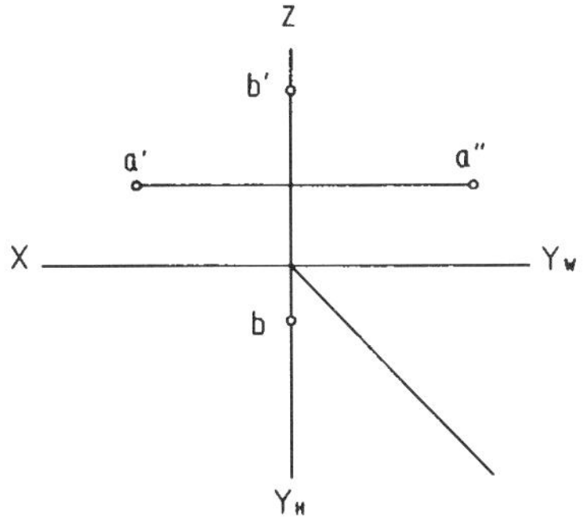

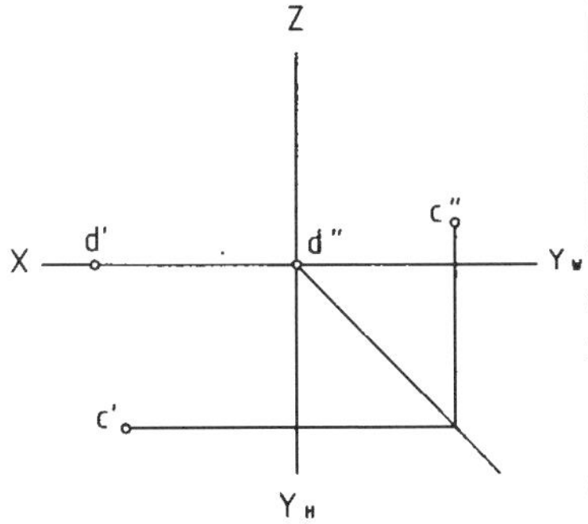

3. 已知A点的三面投影，B点在A点左边5mm、比A点低10mm、在A点前5mm，求B点的三面投影

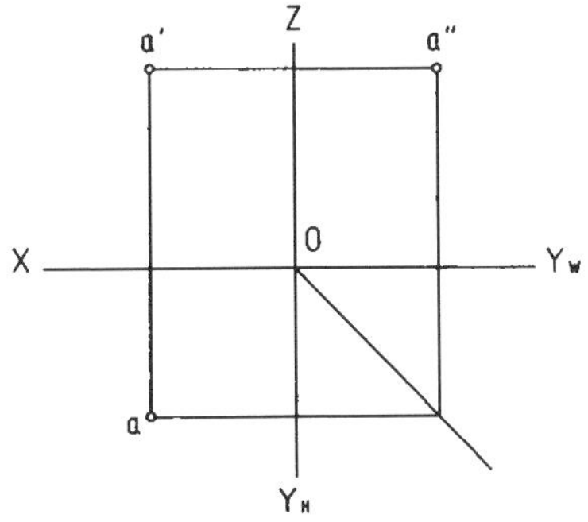

4. 判别下列各点的相对位置，并判别重影点的可见性

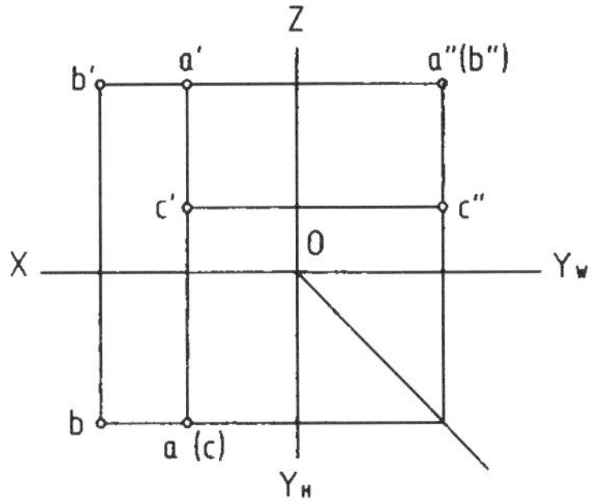

A点在B点____方，C点在A点____方，C点在B点____方

3-2 直线的投影	姓名		学号		页次	19

1. 判别下列各直线对投影面的相对位置

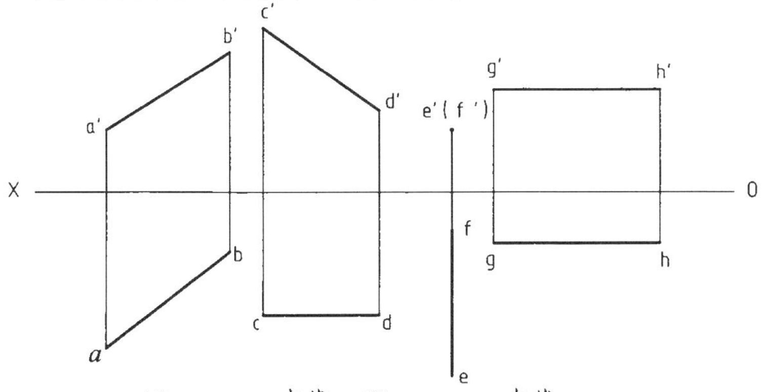

AB ________ 直线　CD ________ 直线
EF ________ 直线　GH ________ 直线

2. 已知点G在AB上，点H在CD上，求G和H点的两面投影

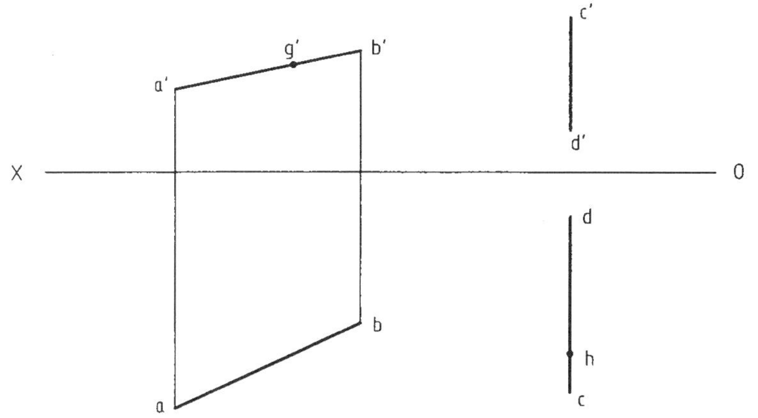

3. 判断下列各直线的相对位置关系

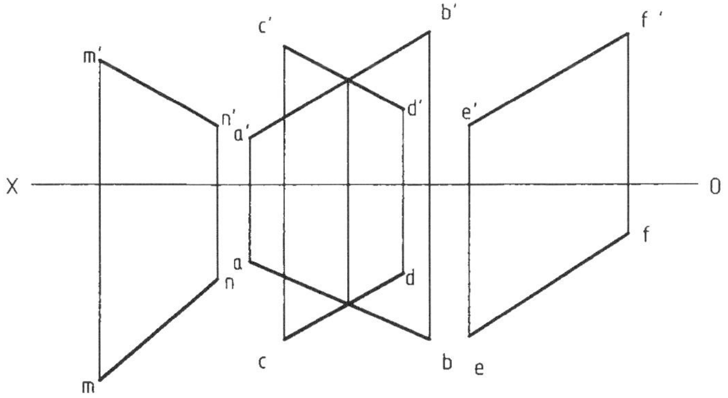

AB与CD________；AB与EF________；AB与MN________
CD与MN________；CD与EF________；EF与MN________

4. 已知AB平行于CD，作出直线CD的正面投影

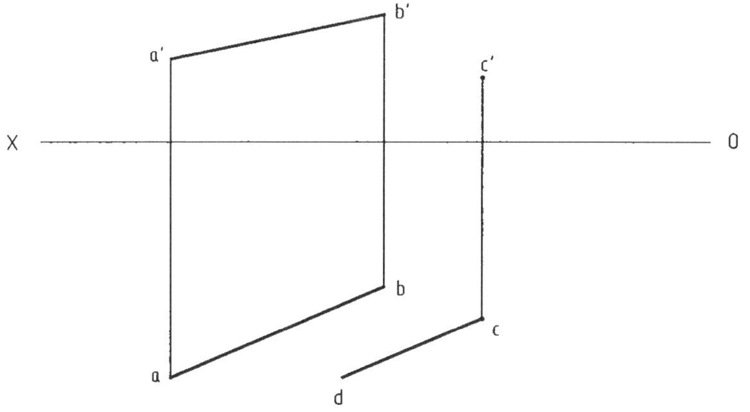

3-2 直线的投影	姓名		学号		页次	20

5.过点A和C作正平线AB和铅垂线CD的两面投影，实长为18mm

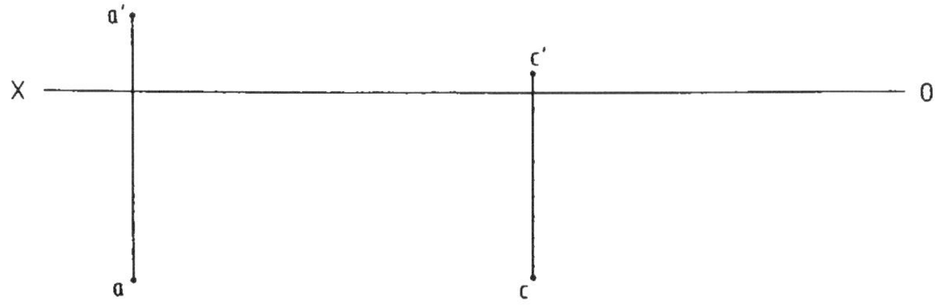

6.已知AB垂直于BC,作出直线BC的水平投影

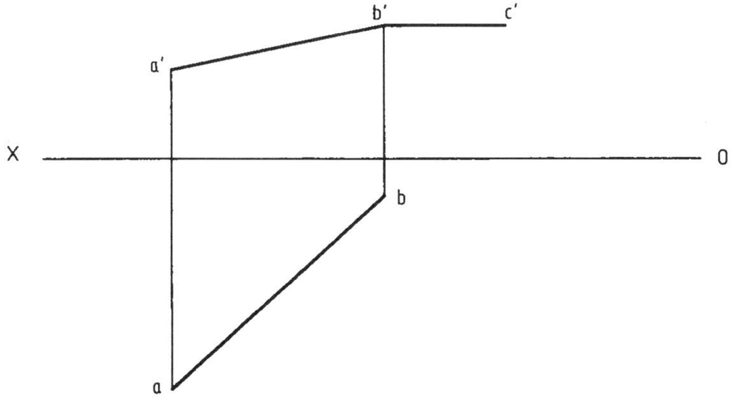

7.作一直线与AB、CD相交,与EF直线平行

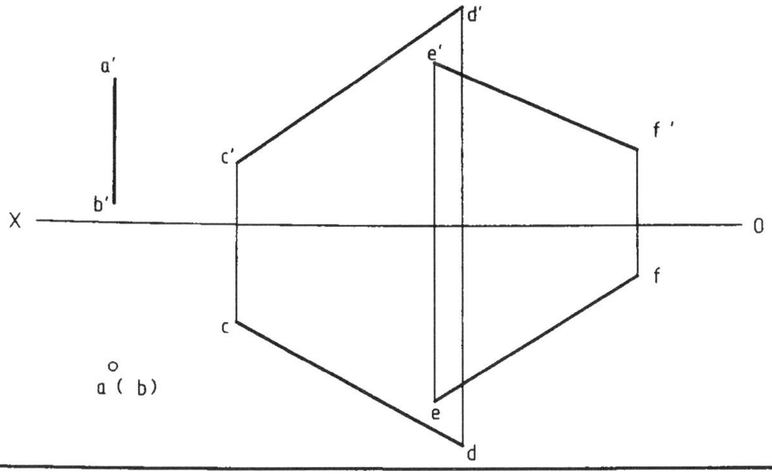

8.作一直线与AB、CD垂直相交

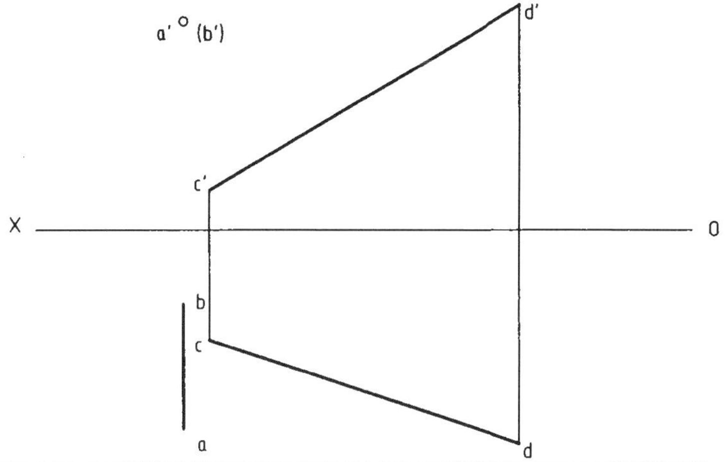

3-3 标出指定平面的投影并回答	姓名		学号		页次	21

1.

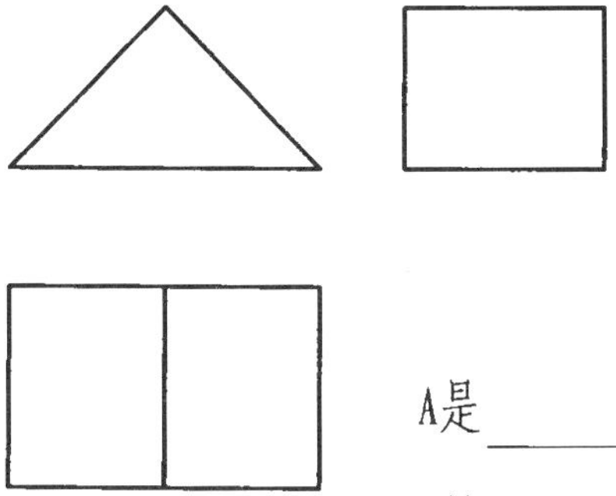

A是______平面

B是______平面

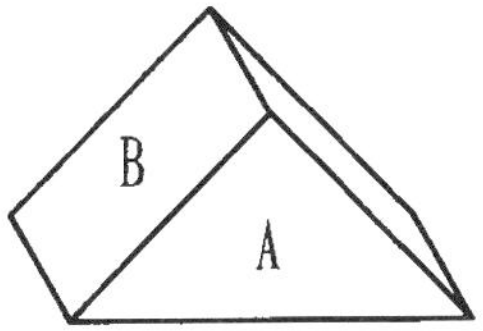

2.

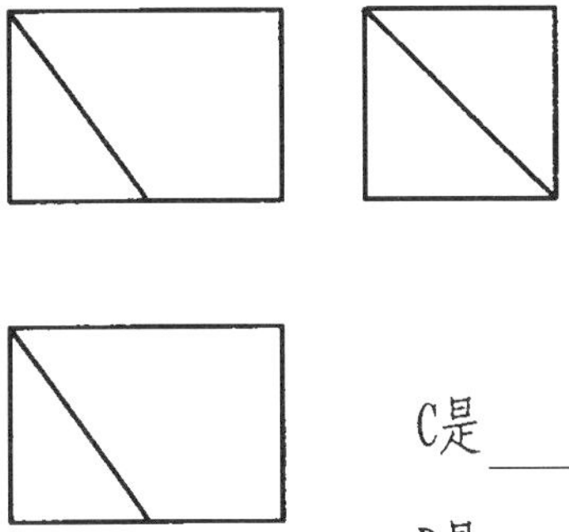

C是______平面

D是______平面

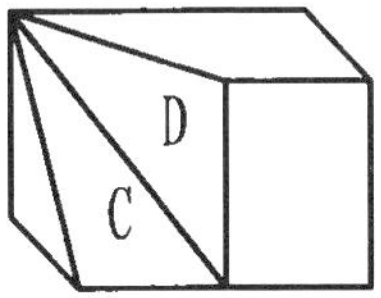

3.

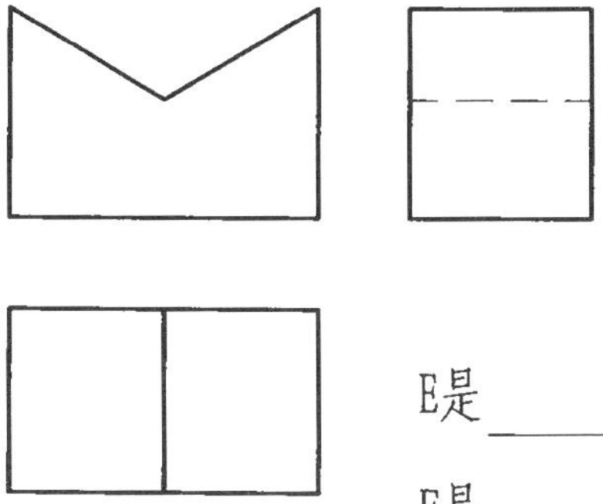

E是______平面

F是______平面

4.

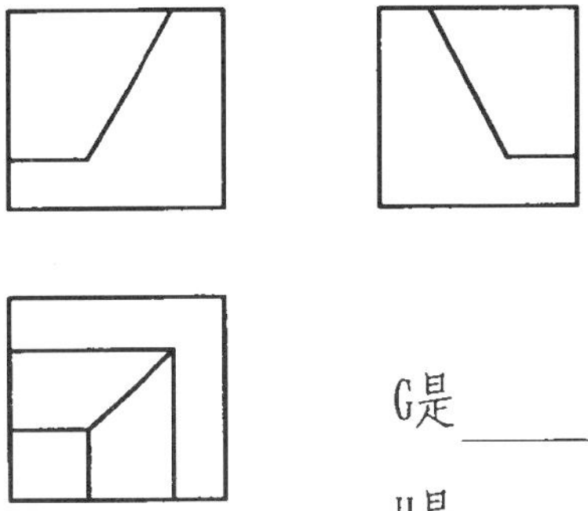

G是______平面

H是______平面

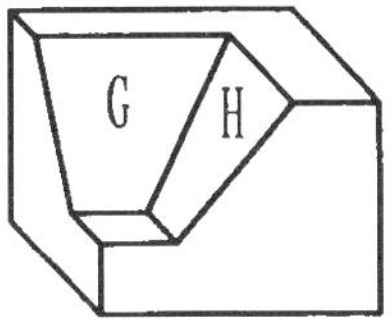

3-4 已知平面的两面投影求第三投影	姓名		学号		页次	22

1.

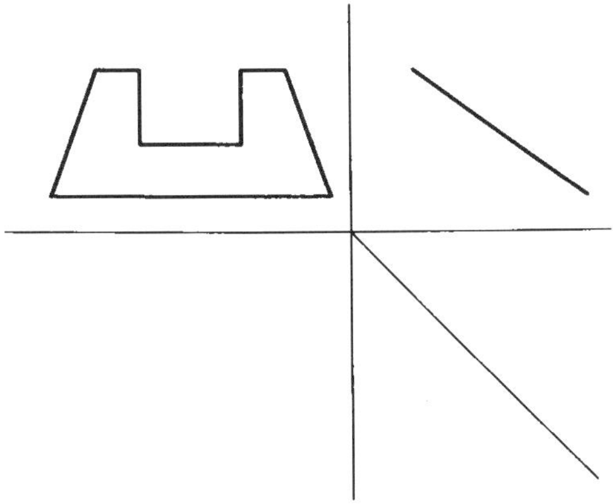

2.

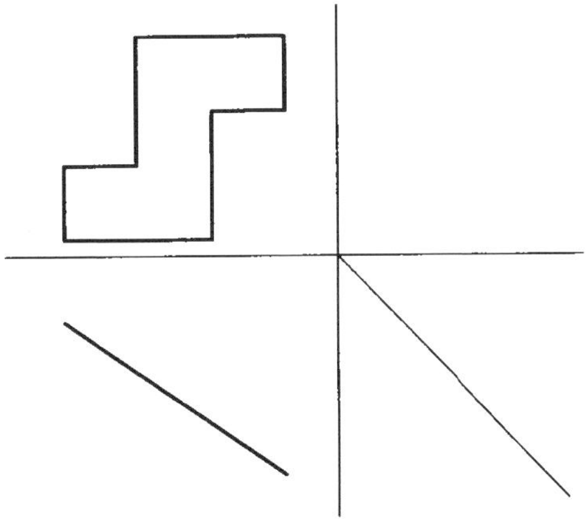

3.

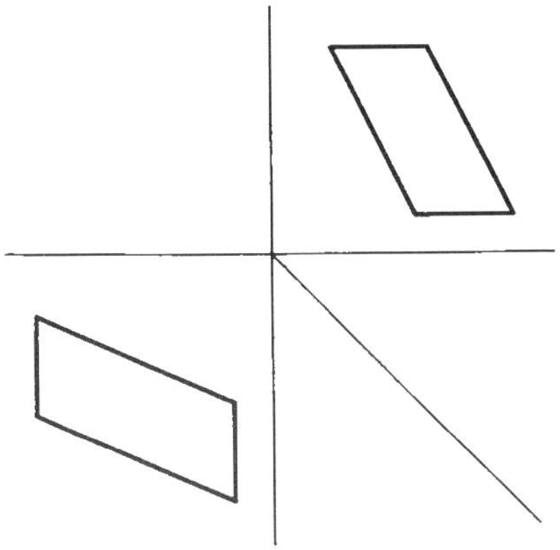

4.

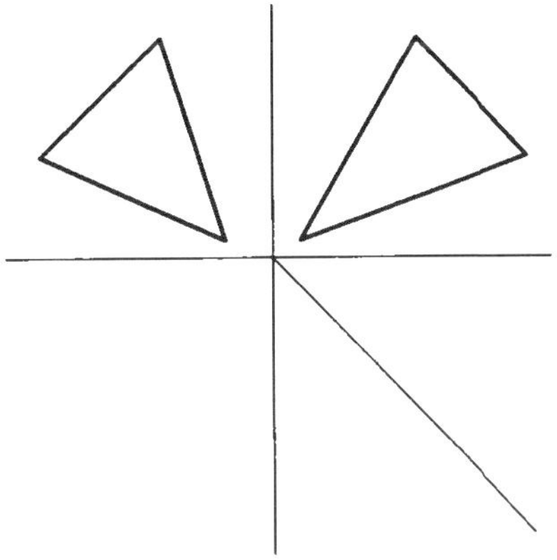

3-5 平面上点的投影	姓名		学号		页次	23

1. 已知点E和F在平面ABC上，试求点E和F的另一个投影

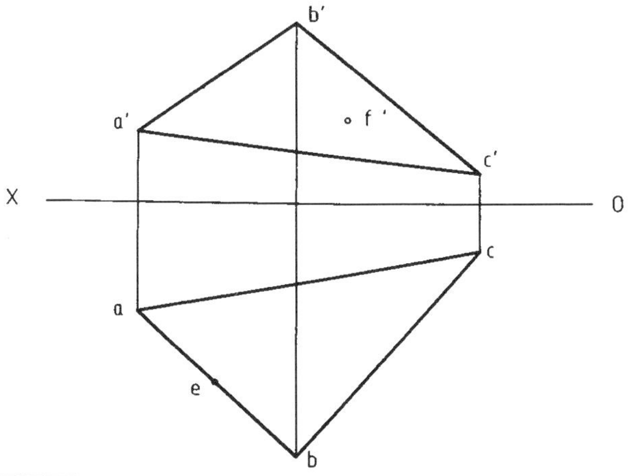

2. 作图判断AB两点是否是平面上的点

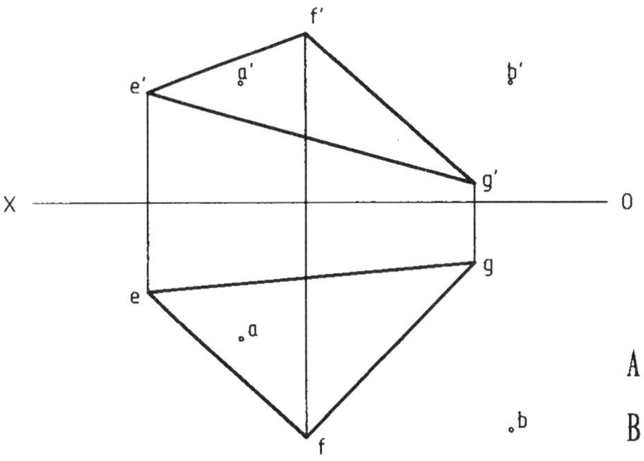

A点＿＿＿＿平面上

B点＿＿＿＿平面上

3. 完成平面图形ABCD的水平投影

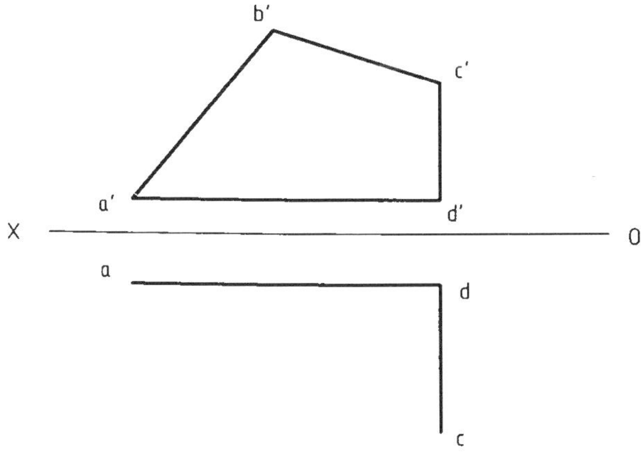

4. 完成平面ABCDEF的水平投影

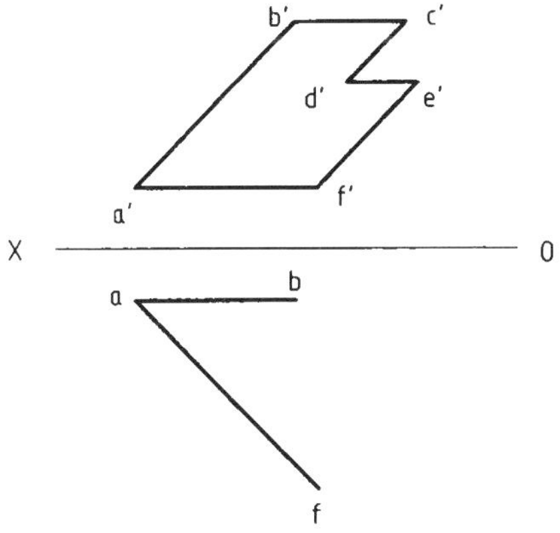

3-6 平面的投影	姓名		学号		页次	24

1. 已知平面上线框的一个投影，试求另一个投影

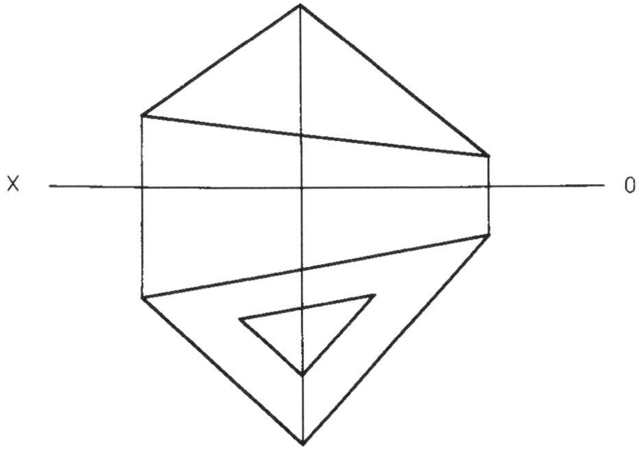

2. 在平面EFG上，过A点作水平线AB，求其两面投影

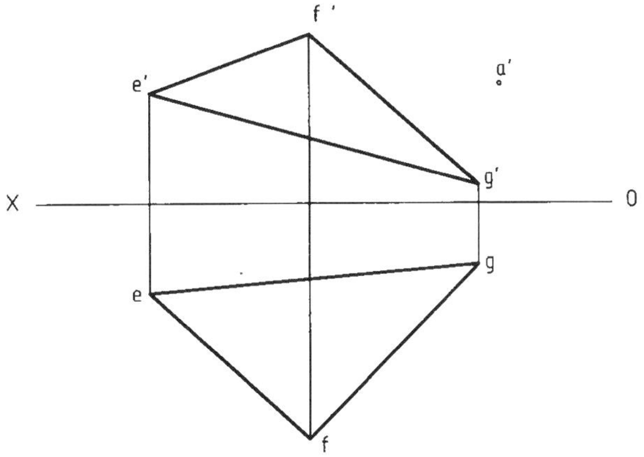

3. 已知点A在平面内，距正面20mm，距水平面15mm，求点A的两面投影

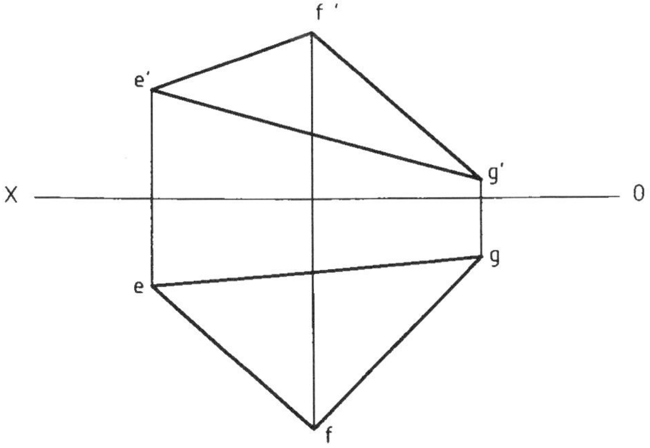

4. 已知正方形ABCD是正垂面，AB为正平线，求正方形的三面投影

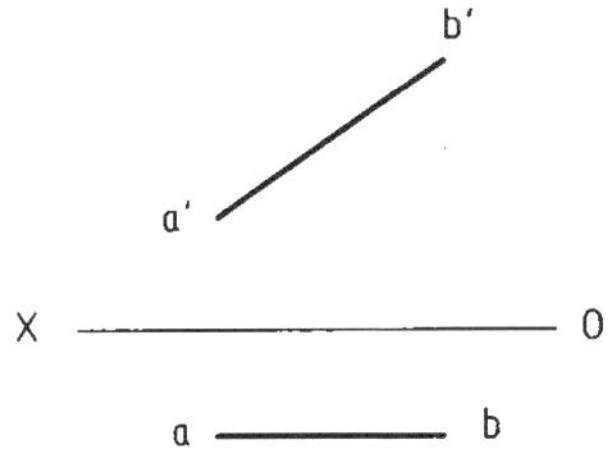

3-7 投影变换	姓名		学号		页次	25

1. 用换面法求直线AB的实长

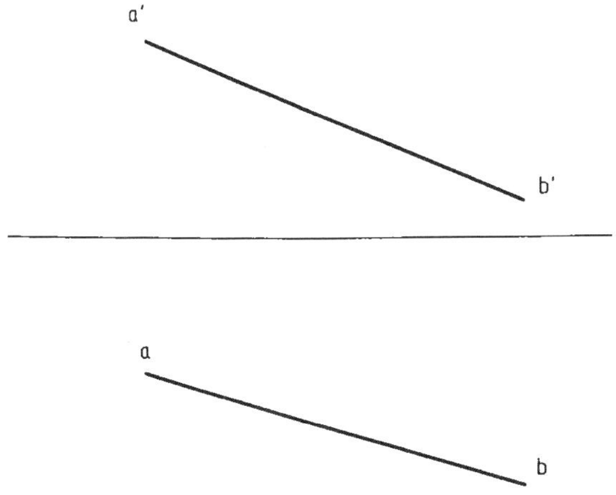

2. 已知平行两直线AB与CD的距离为20mm,用换面法求c′d′

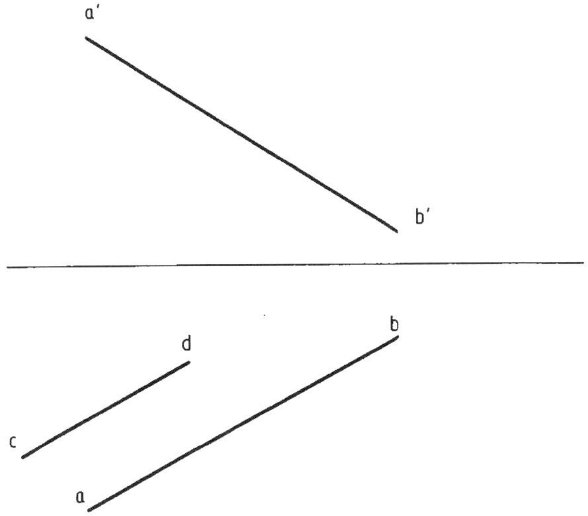

3-7 投影变换	姓名		学号		页次	26

3. 已知线段AB的实长为40mm,用旋转法求ab

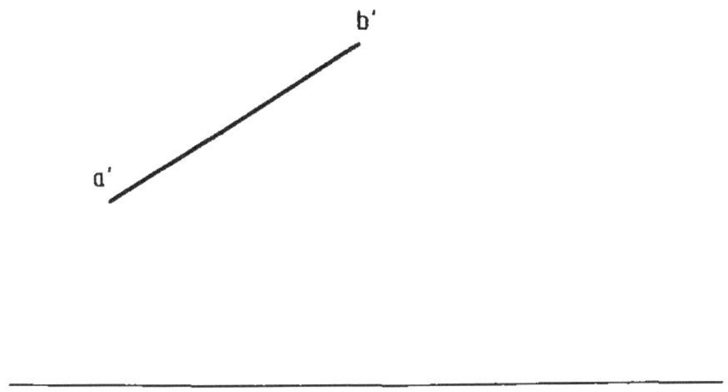

4. 已知线段AB对H面的倾角为30°,用旋转法求ab

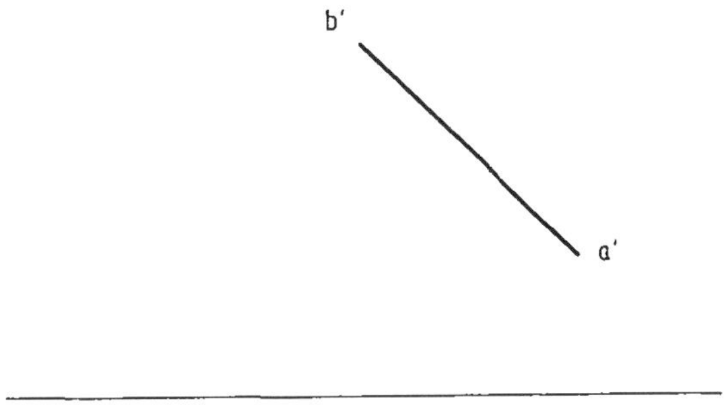

第4章　平面体及表面交线

4-1 平面体的投影	姓名		学号		页次	27

1. 已知正六棱柱高20mm，试完成V面和W面投影

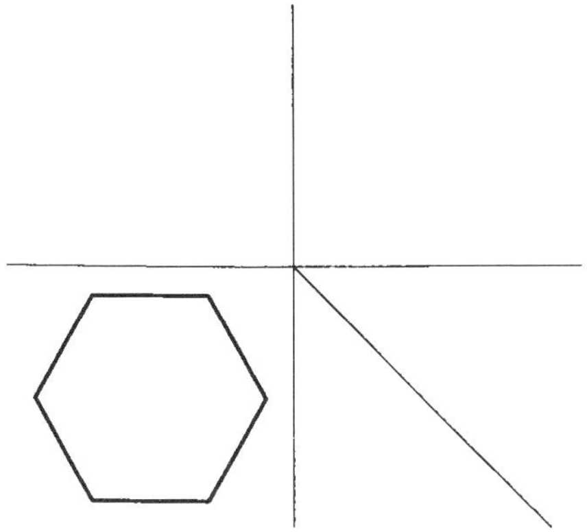

2. 已知正三棱柱长20mm，试完成V面和H面投影

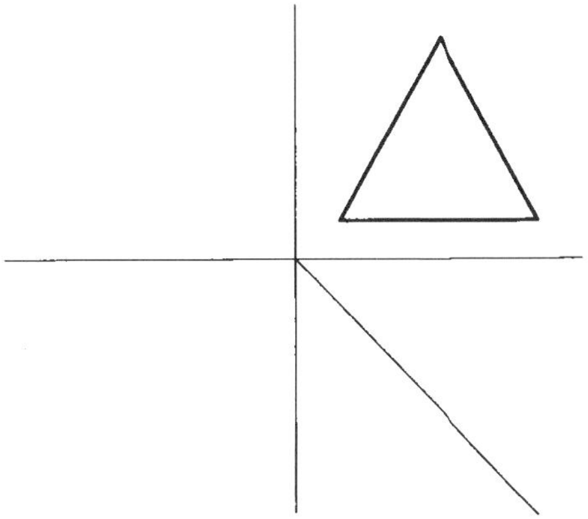

3. 已知正三棱锥高20mm，试完成V面和W面投影

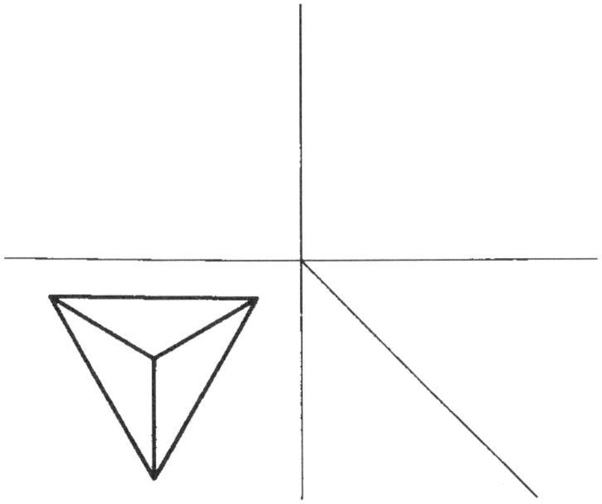

4. 已知四棱锥高20mm，试完成V面和W面投影

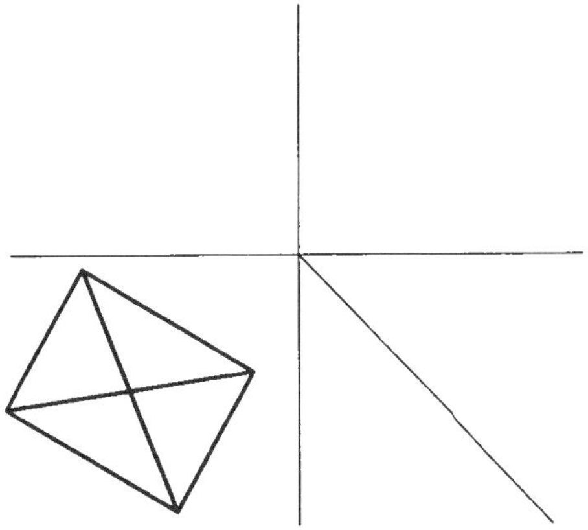

4-1 平面体的投影	姓名		学号		页次	28

5. 完成四棱锥的侧面投影

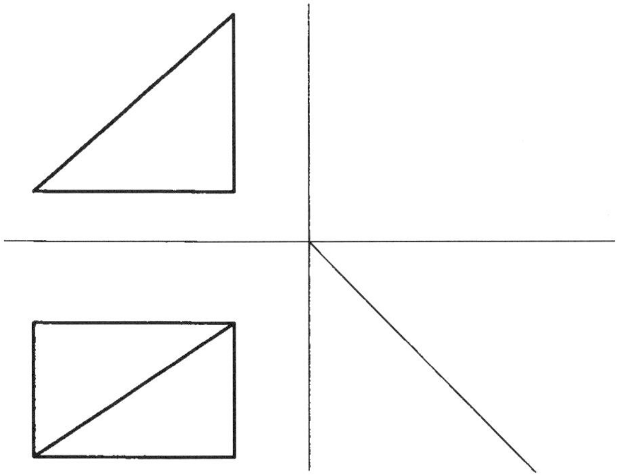

6. 完成四棱锥台的水平投影

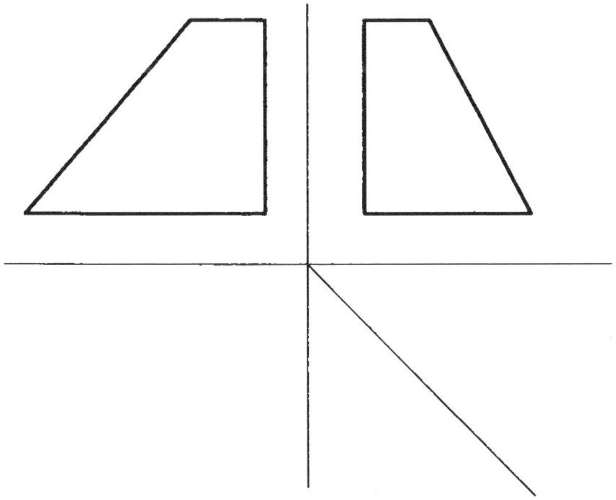

7. 完成四棱锥台形体的水平投影

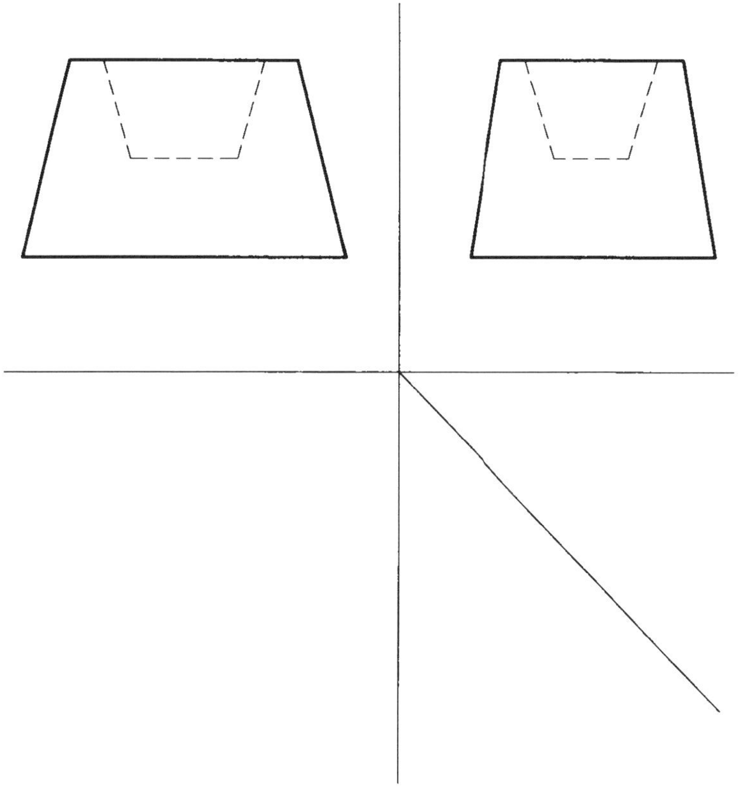

4-2 平面体上点的投影	姓名		学号		页次	29

1. 完成正五棱柱上AB两点的三面投影

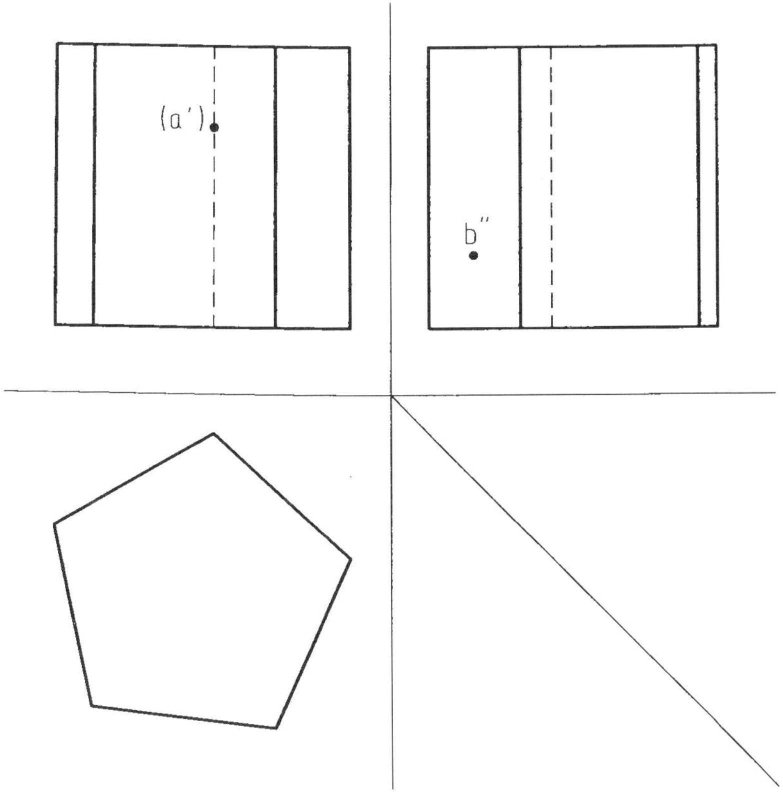

2. 完成正三棱柱上AB两点的三面投影

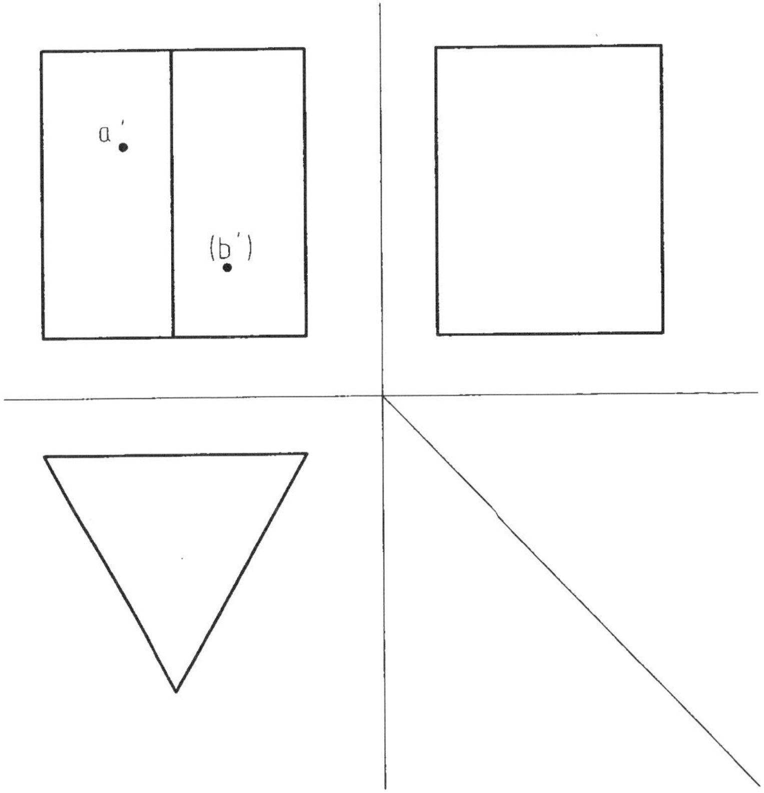

4-2 平面体上点的投影	姓名		学号		页次	30

3.完成正三棱锥上AB两点的三面投影

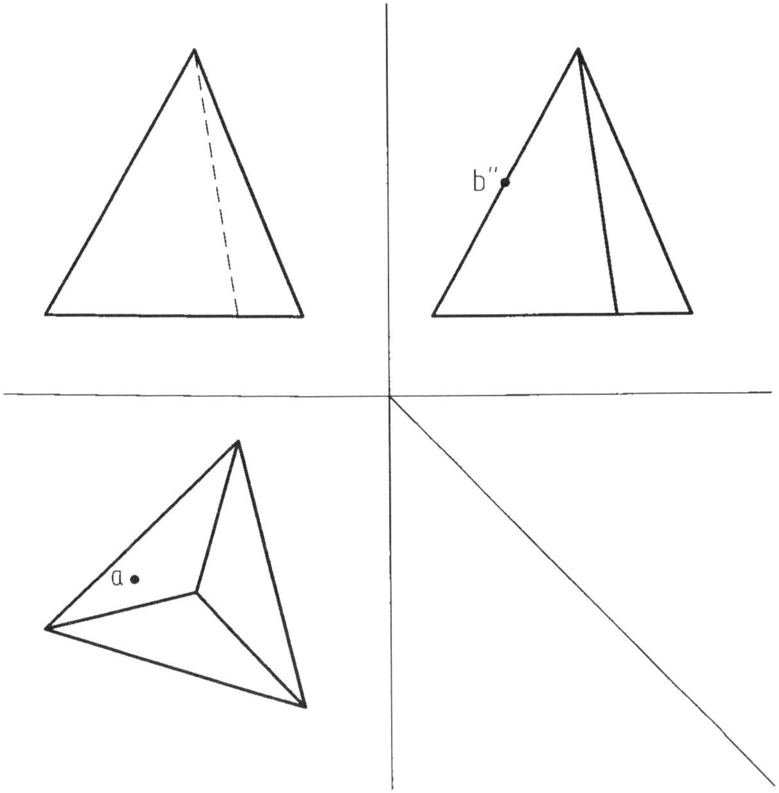

4.完成四棱锥台上AB两点的三面投影

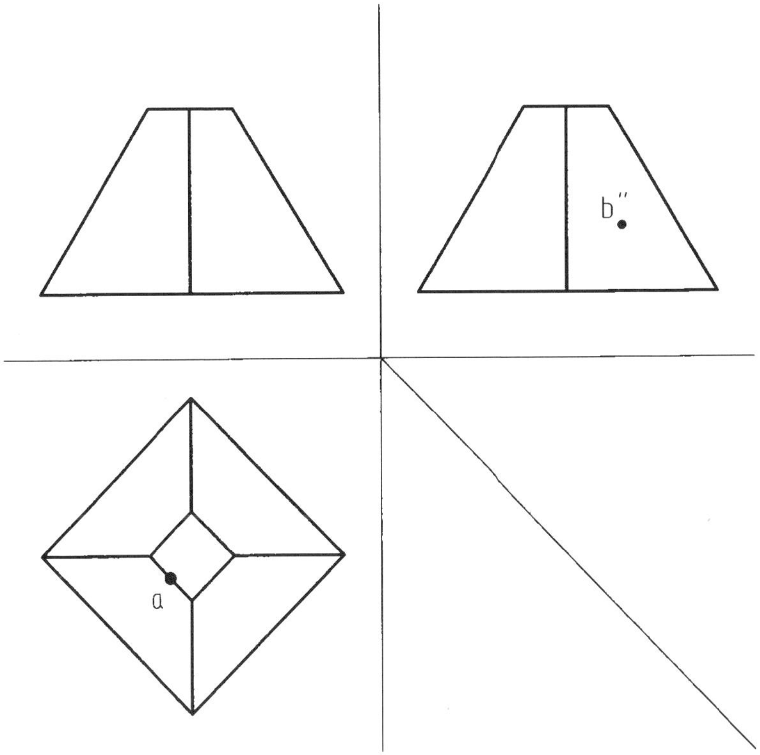

4-3 棱柱体的截交线	姓名		学号		页次	31

1. 完成正六棱柱截切后的侧面投影

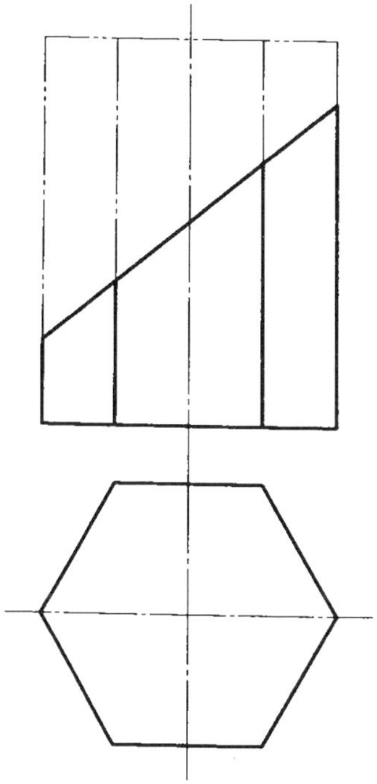

2. 完成正四棱柱截切后的侧面投影

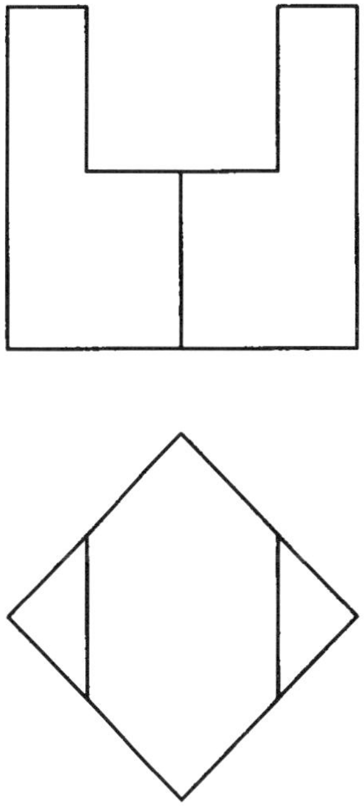

4-3 棱柱体的截交线	姓名		学号		页次	32

3. 完成正三棱柱截切后的侧面投影

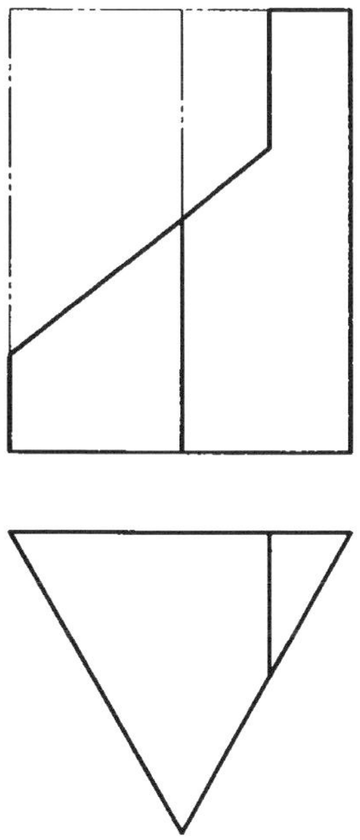

4. 完成正五棱柱截切后的水平投影

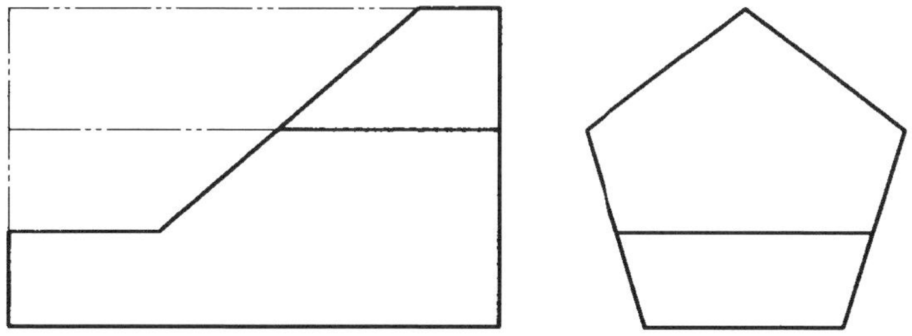

4-4 棱锥体的截交线	姓名		学号		页次	33

1. 完成正三棱锥截切后的水平投影和侧面投影

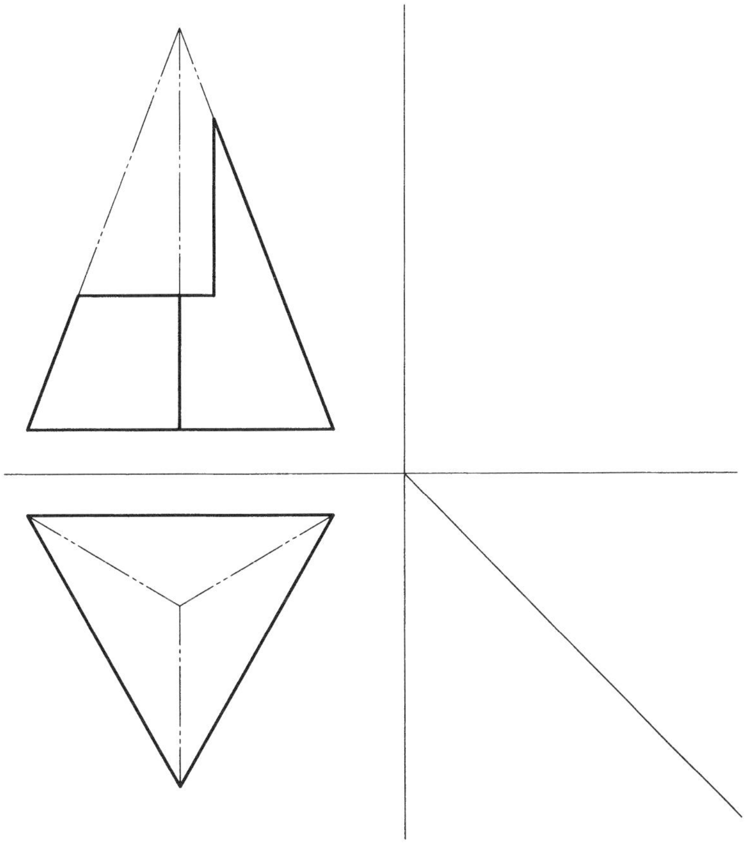

2. 完成正三棱锥截切后的水平投影和侧面投影

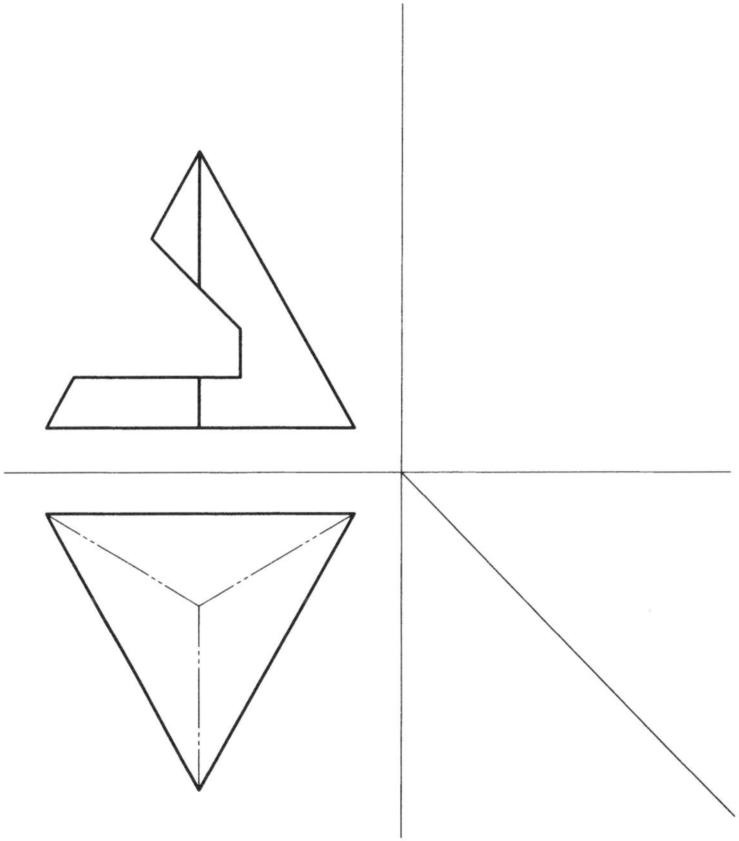

4-4 棱锥体的截交线	姓名		学号		页次	34

3.完成正四棱锥截切后的水平投影和侧面投影

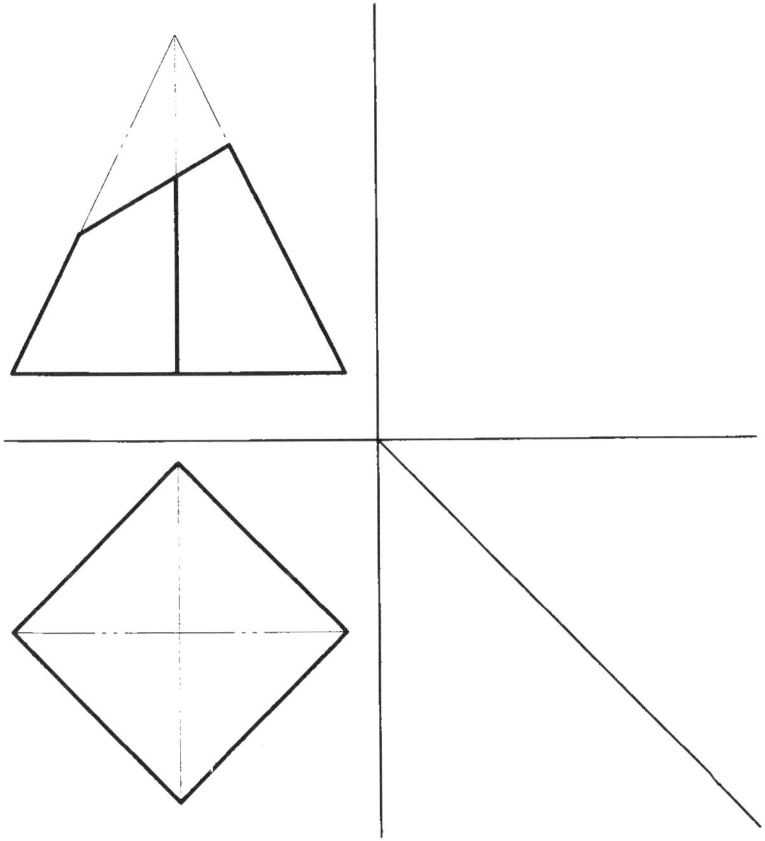

4.完成四棱锥截切后的水平投影

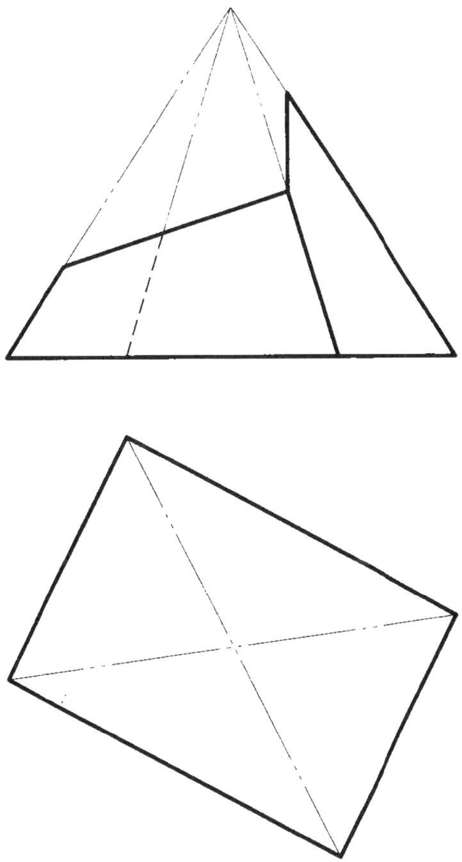

4-5 平面体的截交线

1. 完成三棱柱切槽后的三视图

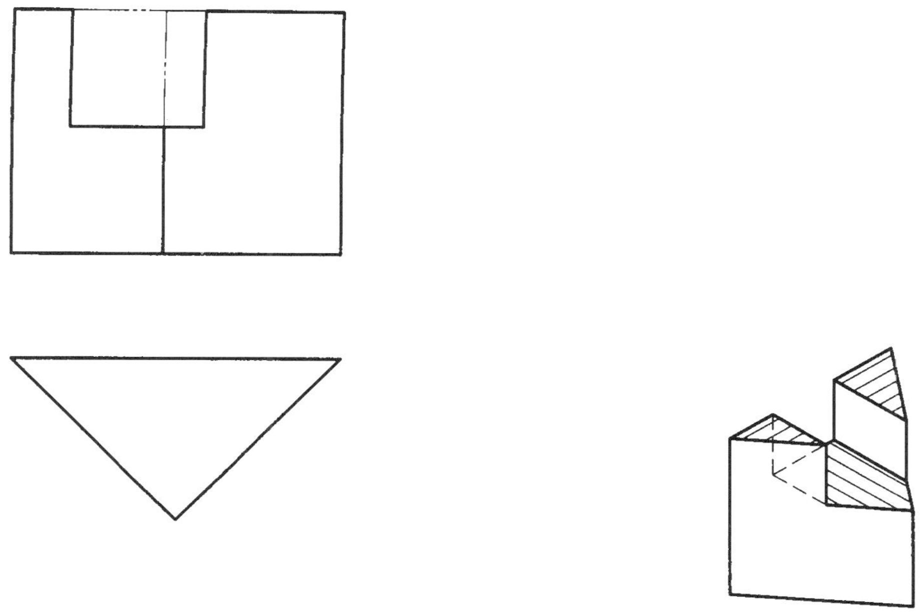

2. 完成四棱锥台截切后的三视图

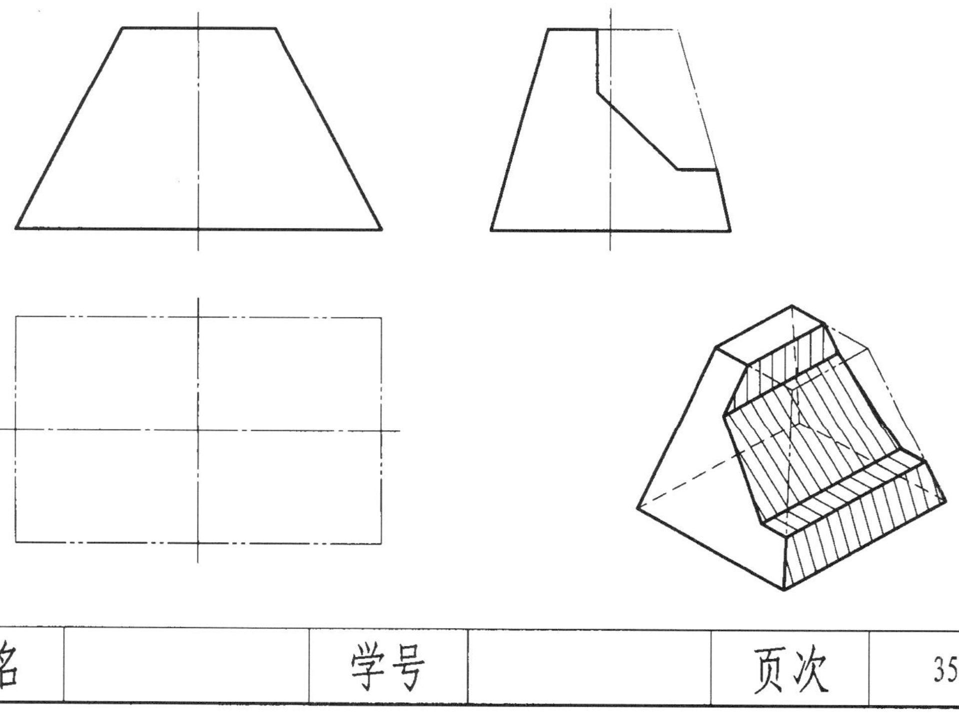

姓名		学号		页次	35

4-6 两平面体的相贯线

1. 作出平面相贯体的水平投影

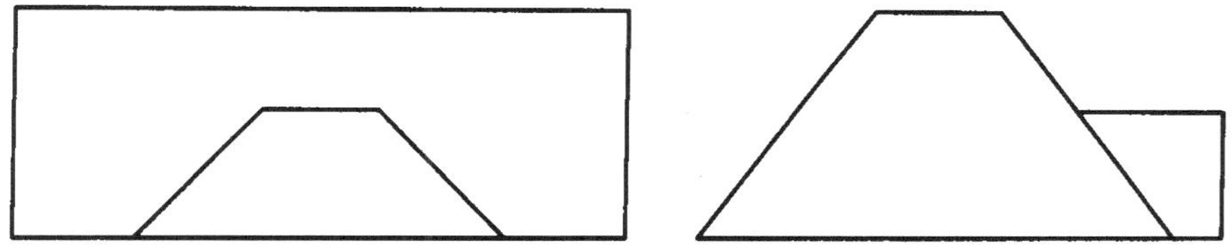

2. 补全三视图中所缺的相贯线

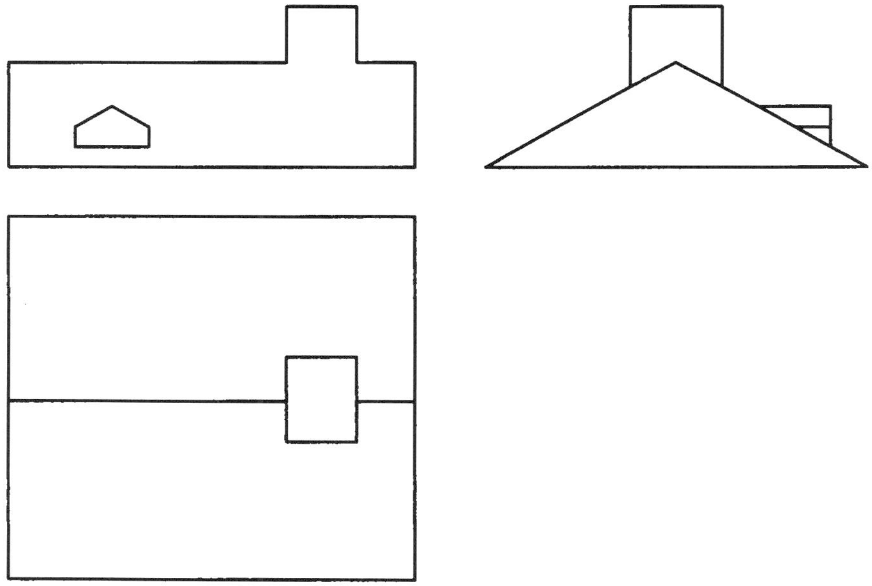

姓名		学号		页次	36

4-6 两平面体的相贯线

3. 作出平面相贯体的水平投影

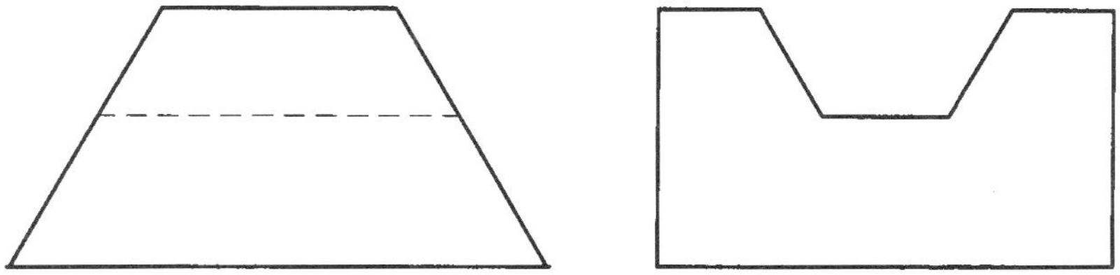

4. 作出平面相贯体的水平投影

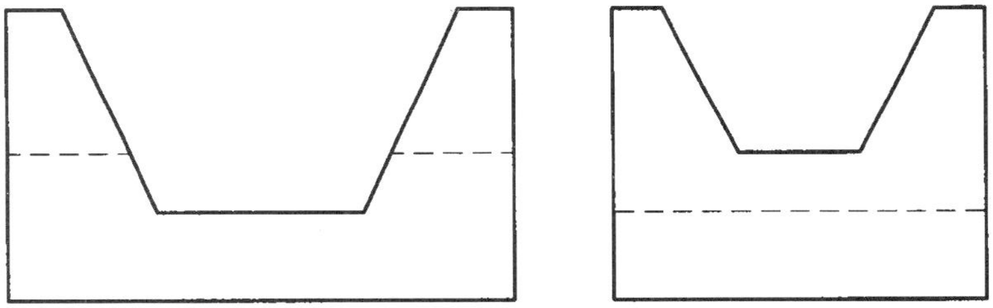

姓名		学号		页次	37

4-7 同坡屋顶

1. 完成同坡屋顶的三面投影

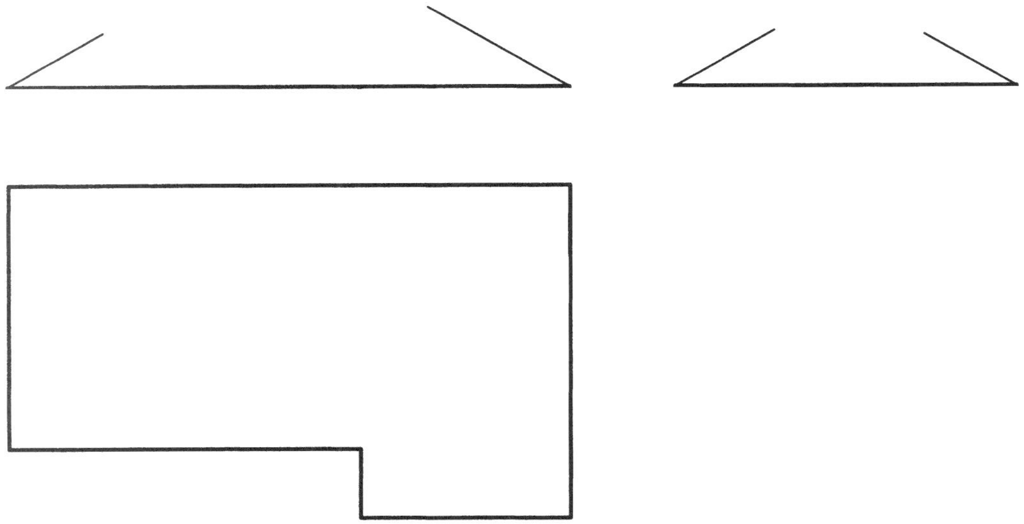

2. 完成同坡屋顶的三面投影

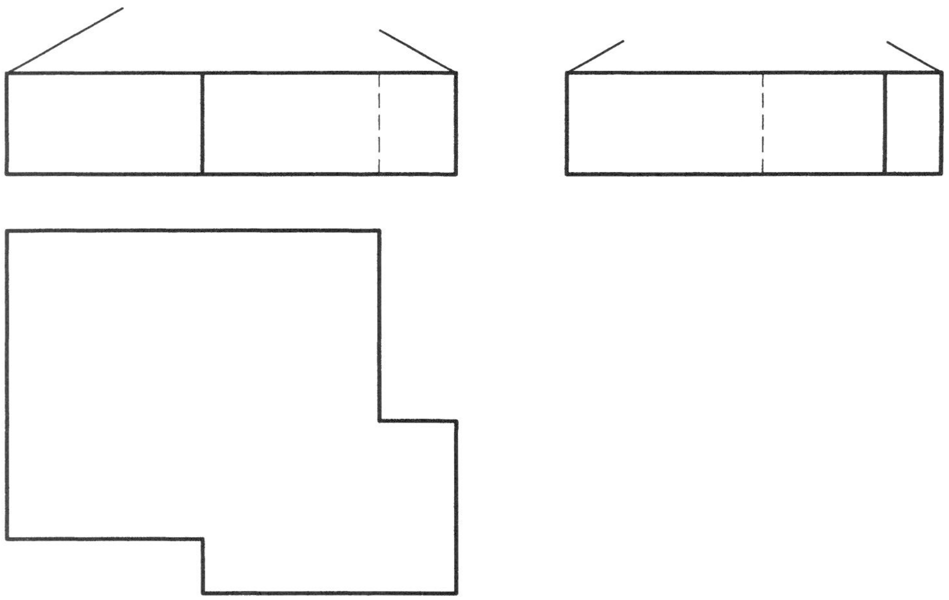

姓名		学号		页次	38

3.完成同坡屋顶的水平投影和正面投影

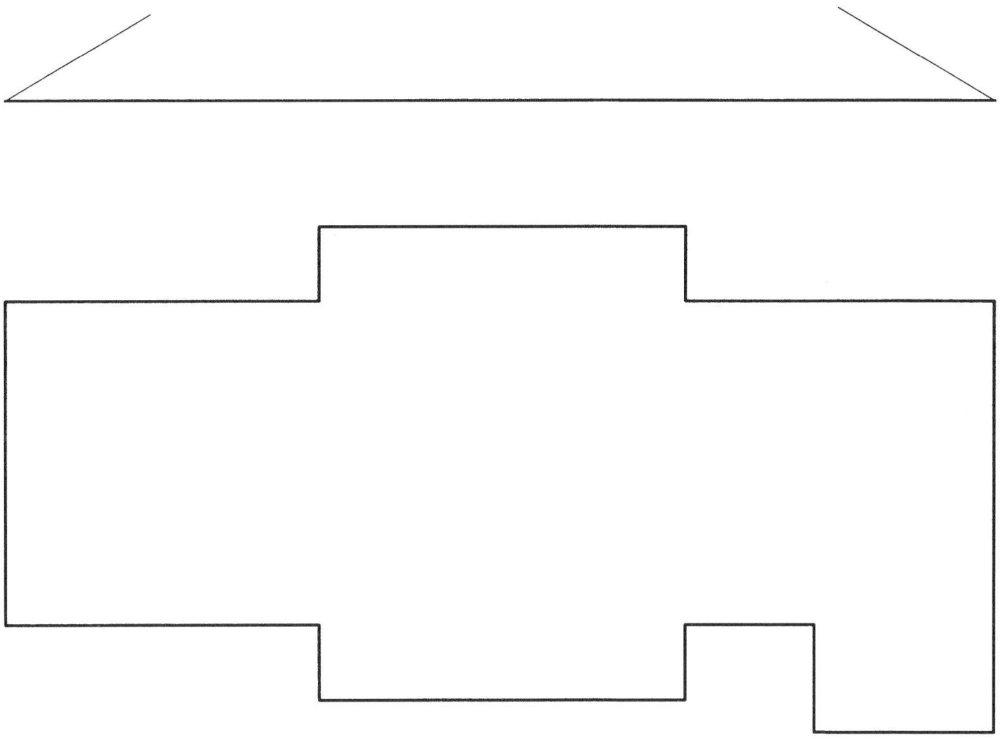

第5章　曲面体及表面交线

5-1 圆柱体及截交线	姓名		学号		页次	40

1. 已知圆筒高20mm，试完成V面W面投影

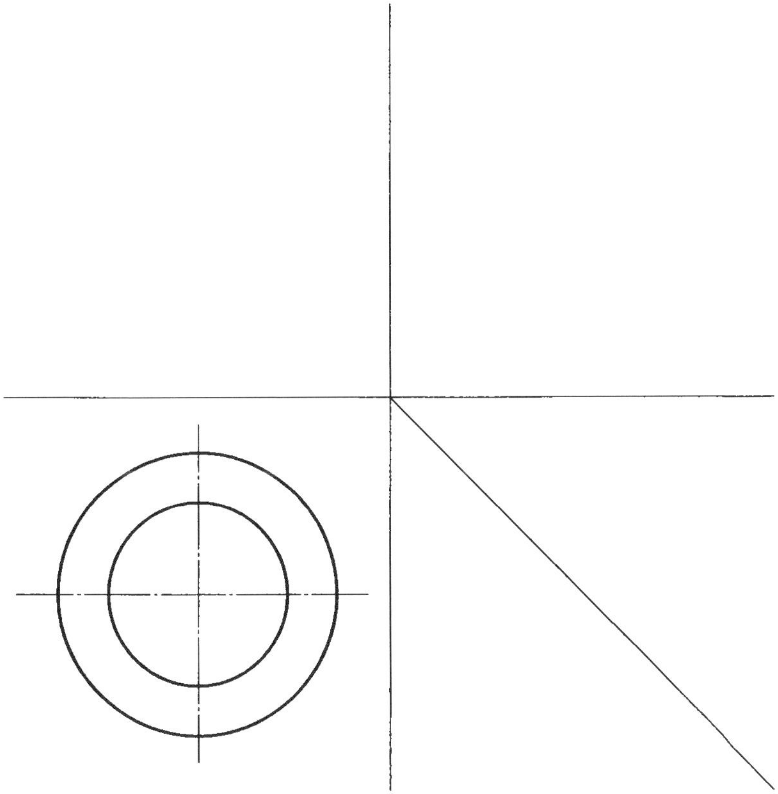

2. 求表面上ABC三点的三面投影

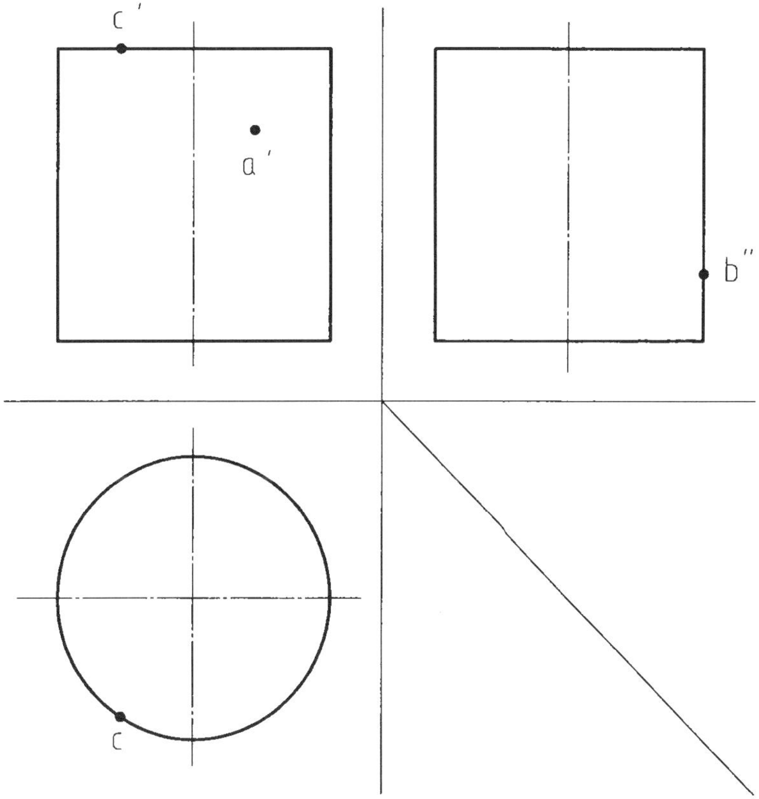

5-1 圆柱体及截交线	姓名		学号		页次	41

3.完成圆柱切割体的三面投影

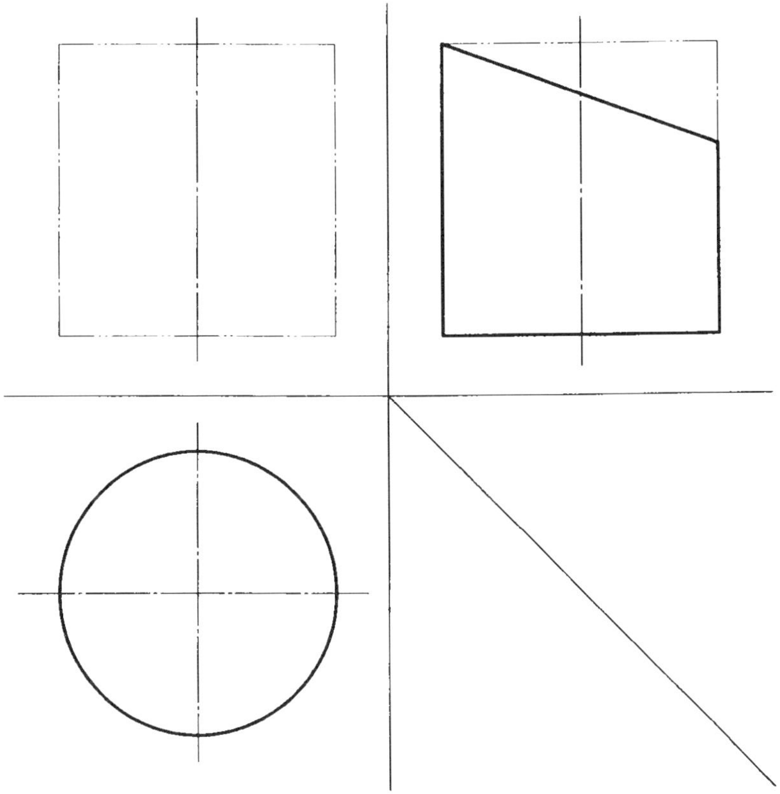

4.完成圆柱切割体的三面投影

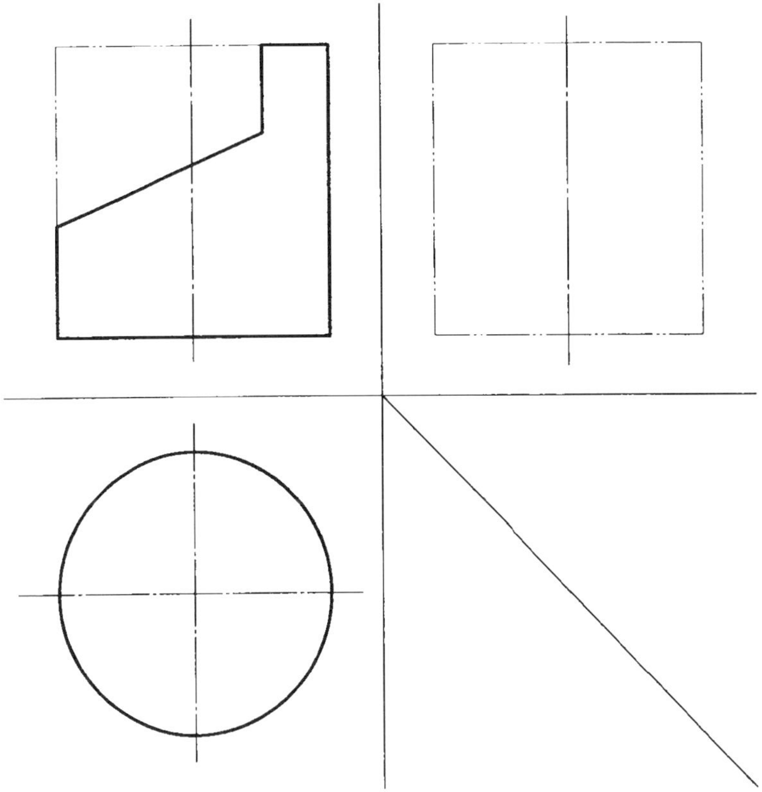

5-2 完成圆柱体截交线的三面投影	姓名		学号		页次	42

1.

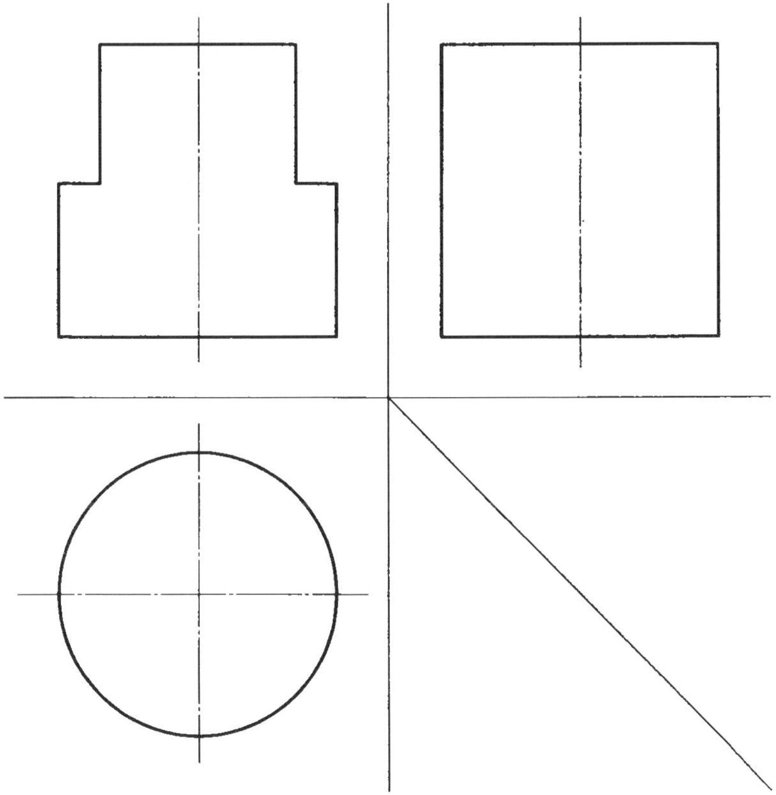

2.

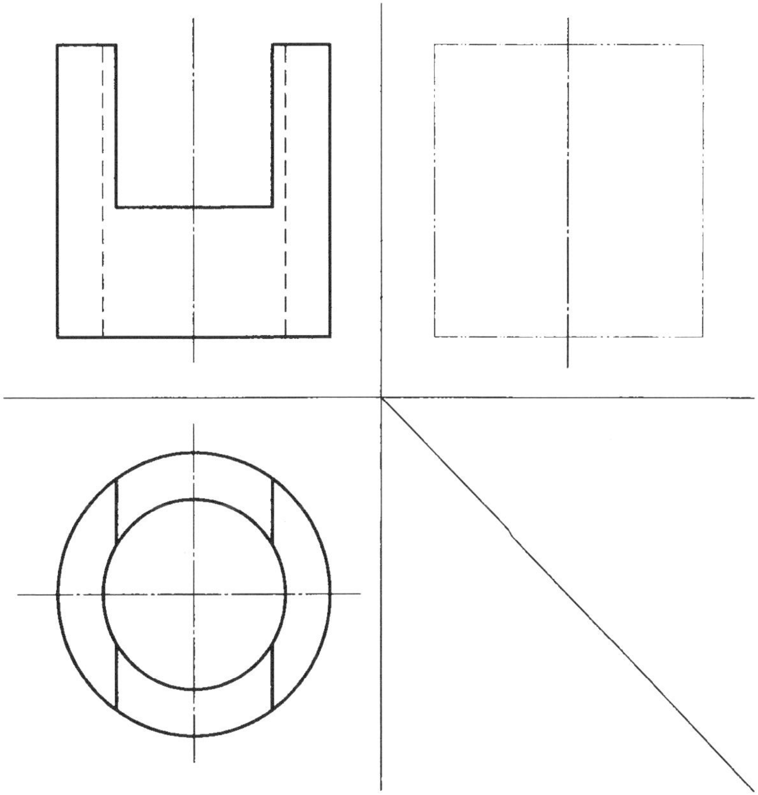

5-2 完成圆柱体截交线的三面投影	姓名		学号		页次	43

3.

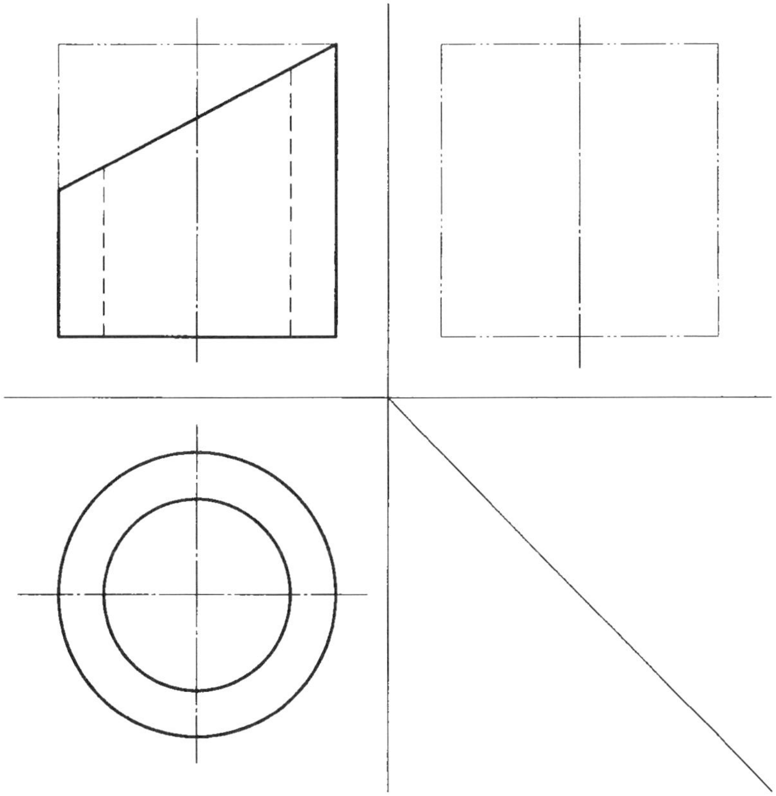

4.

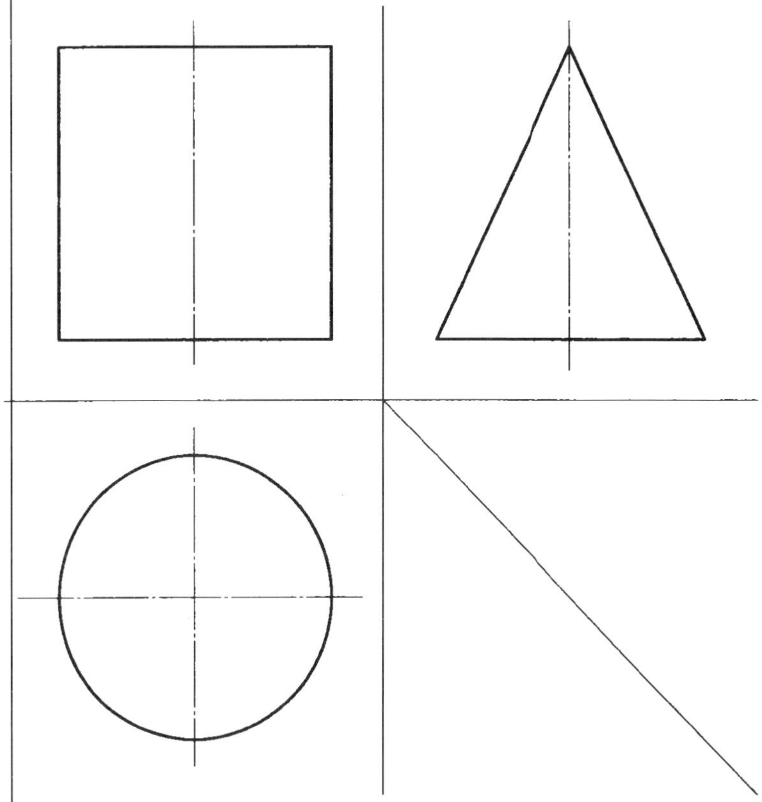

5-3 圆锥体及截交线	姓名		学号		页次	44

1. 已知圆锥台高20mm，试完成V面W面投影

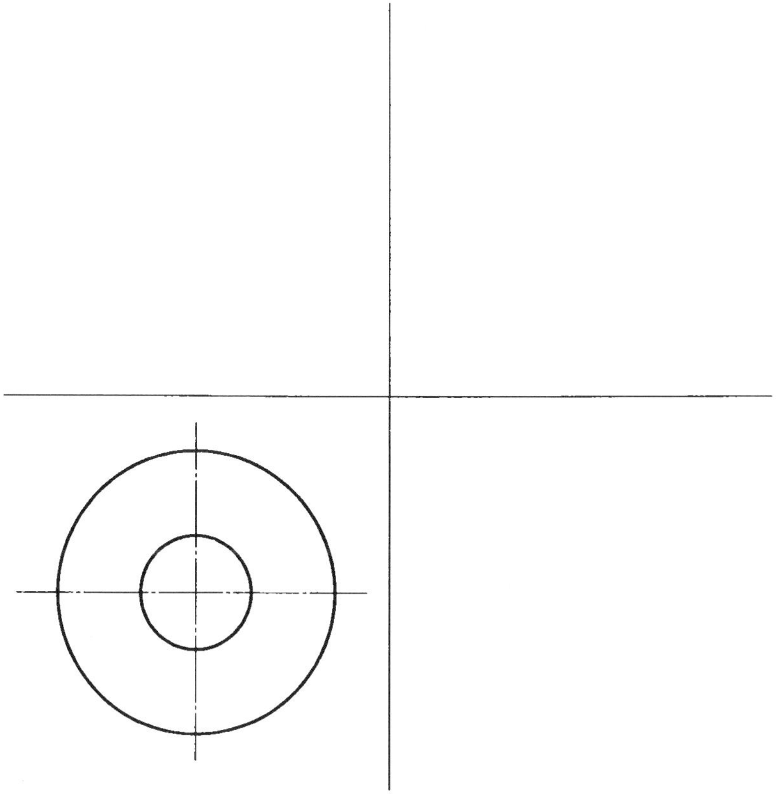

2. 求表面上ABC三点的三面投影

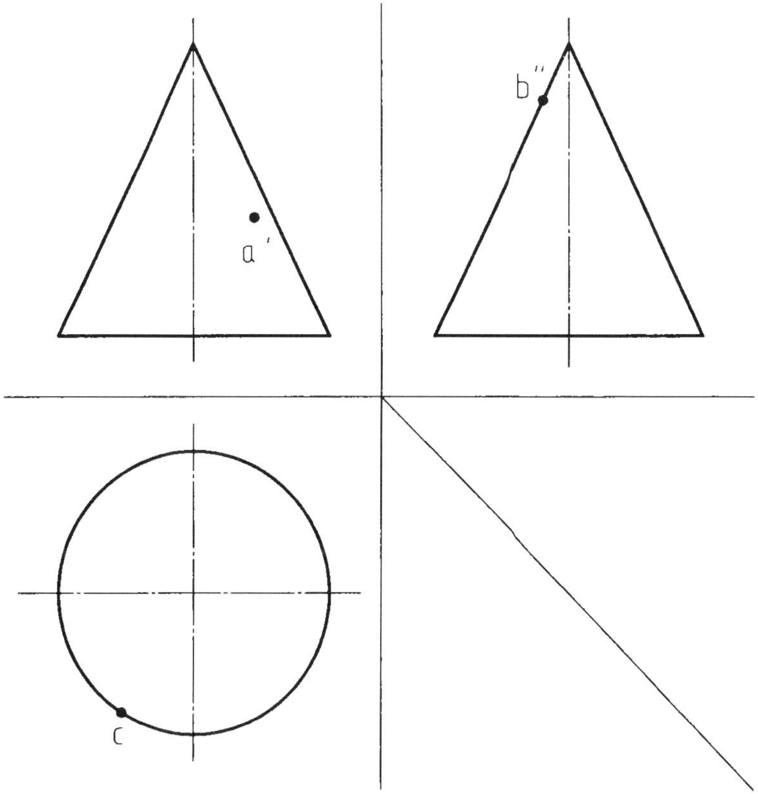

5-3 圆锥体及截交线	姓名		学号		页次	45

3.完成圆锥切割体的三面投影

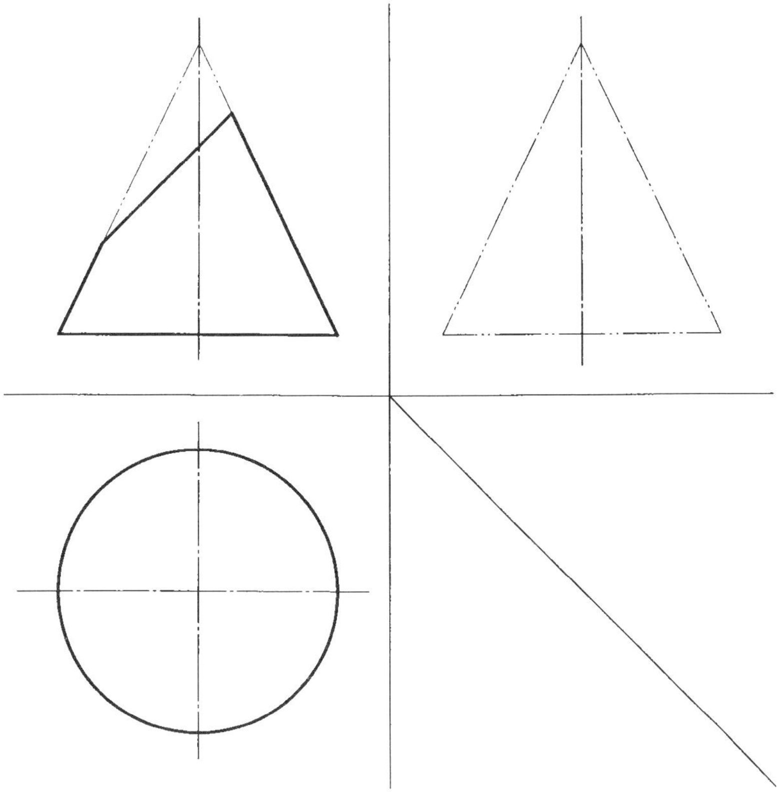

4.完成圆锥切割体的三面投影

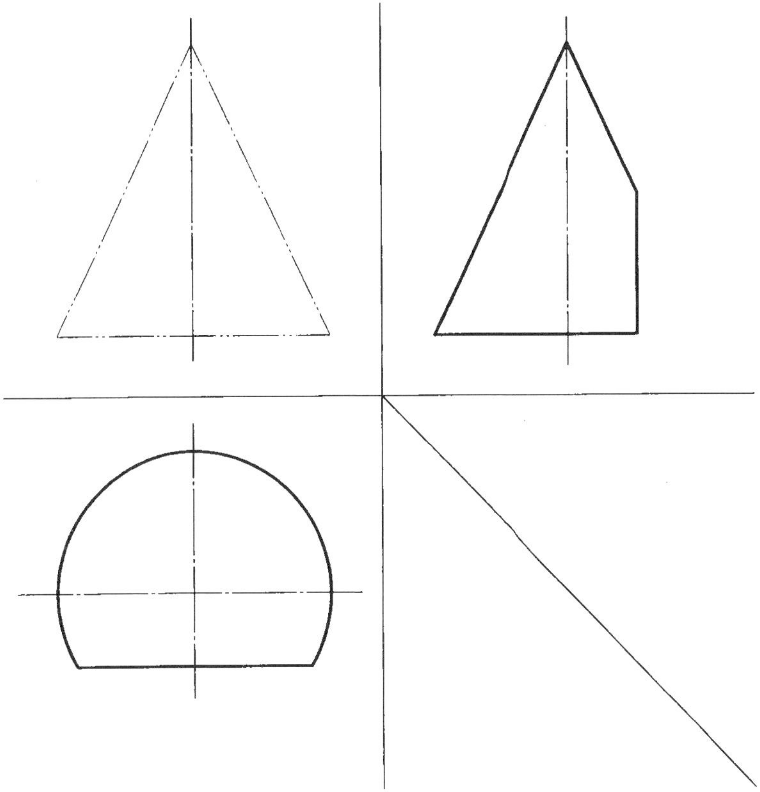

5-4 完成圆锥体截交线的三面投影	姓名		学号		页次	46

1.

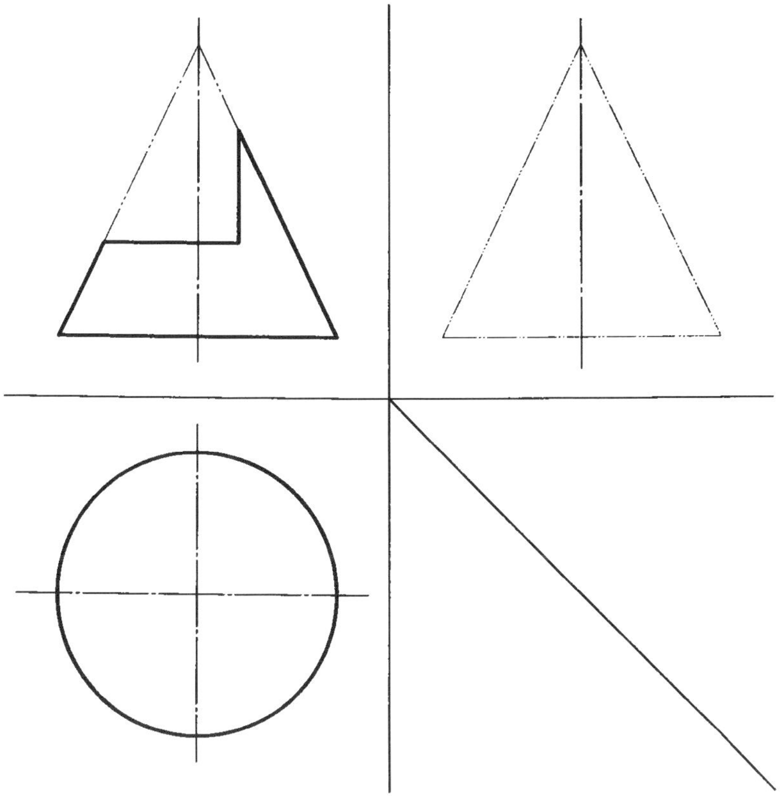

2.

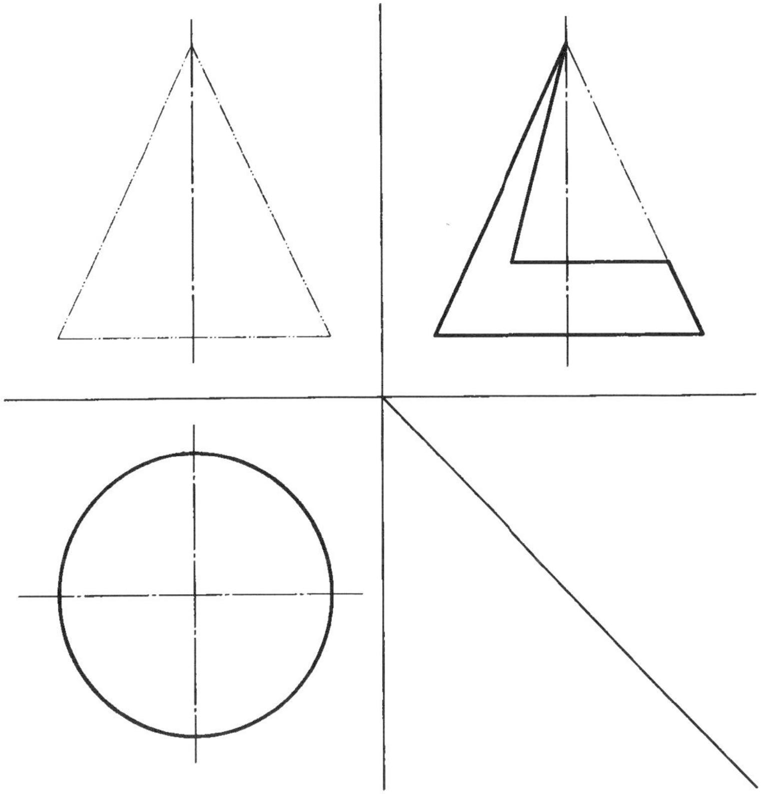

5-4 完成圆锥体截交线的三面投影	姓名		学号		页次	47

3.

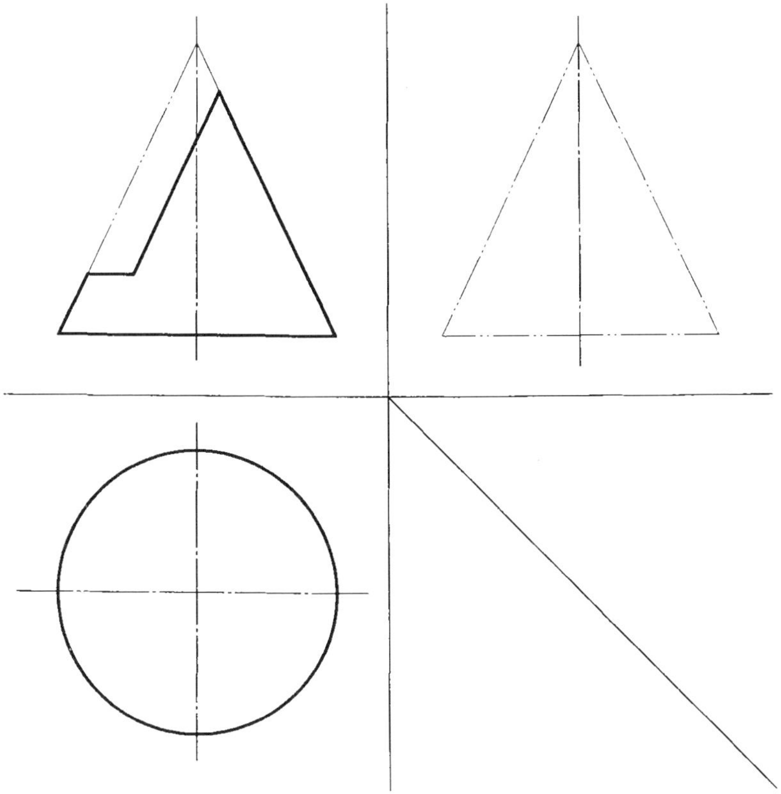

4.

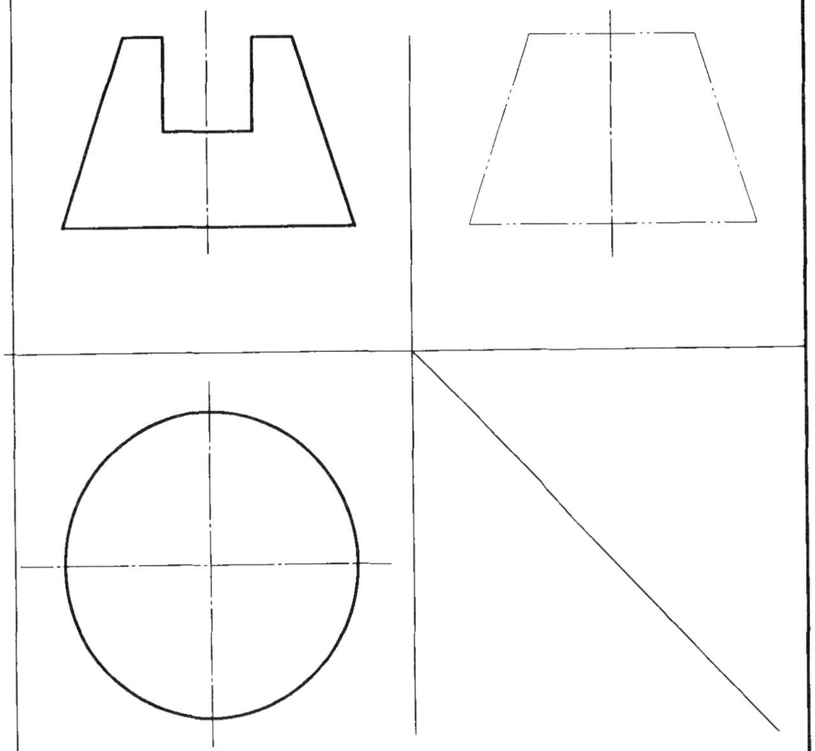

5-5 圆球体及截交线	姓名		学号		页次	48

1.已知圆球与圆柱连接体的正面投影,试完成其余两面投影

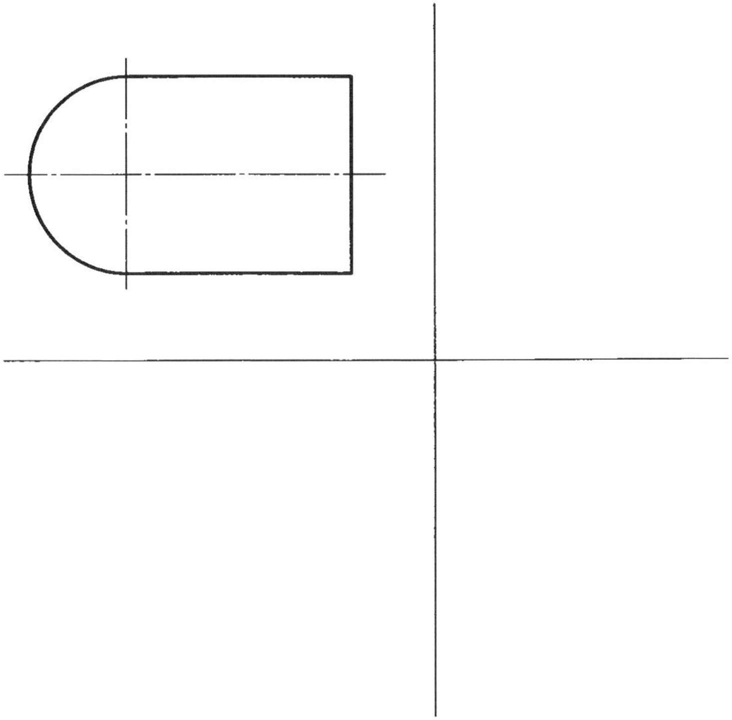

2.求表面上AB两点的三面投影

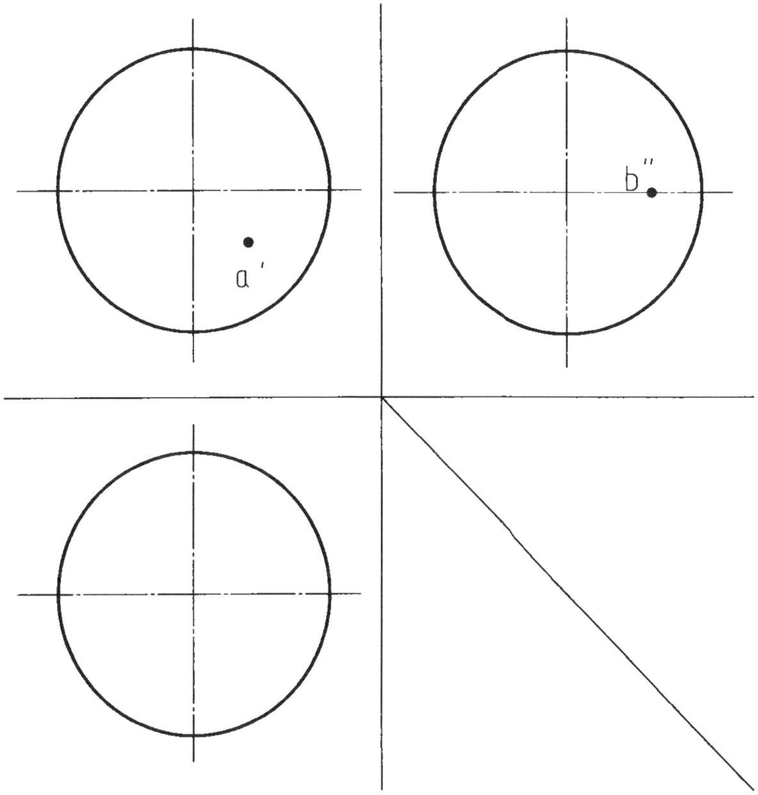

5-5 圆球体及截交线	姓名		学号		页次	49

3. 已知圆球切割体的正面投影，完成其余两面投影

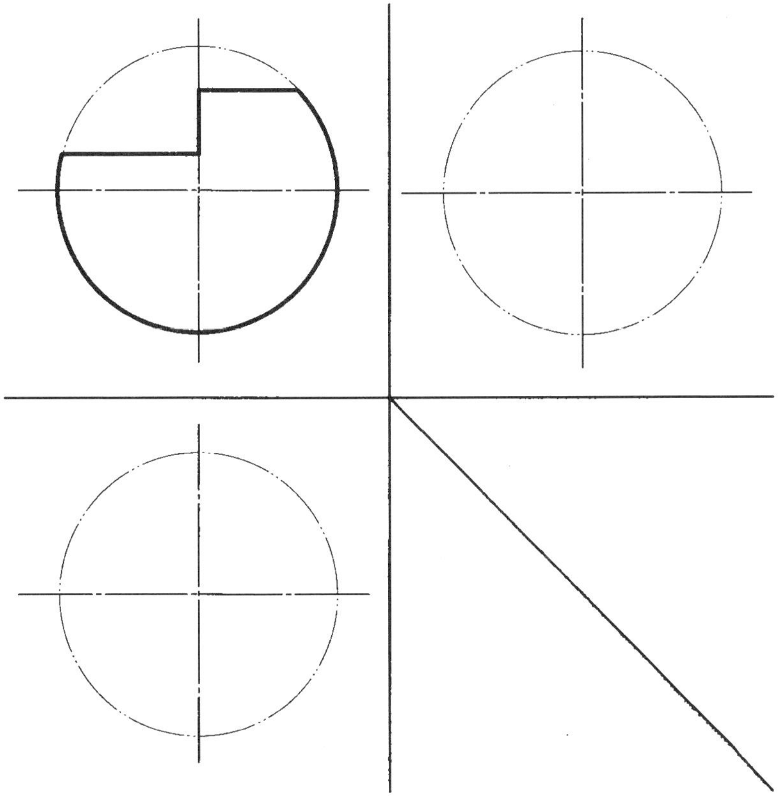

4. 已知圆球切割体的水平投影，完成其余两面投影

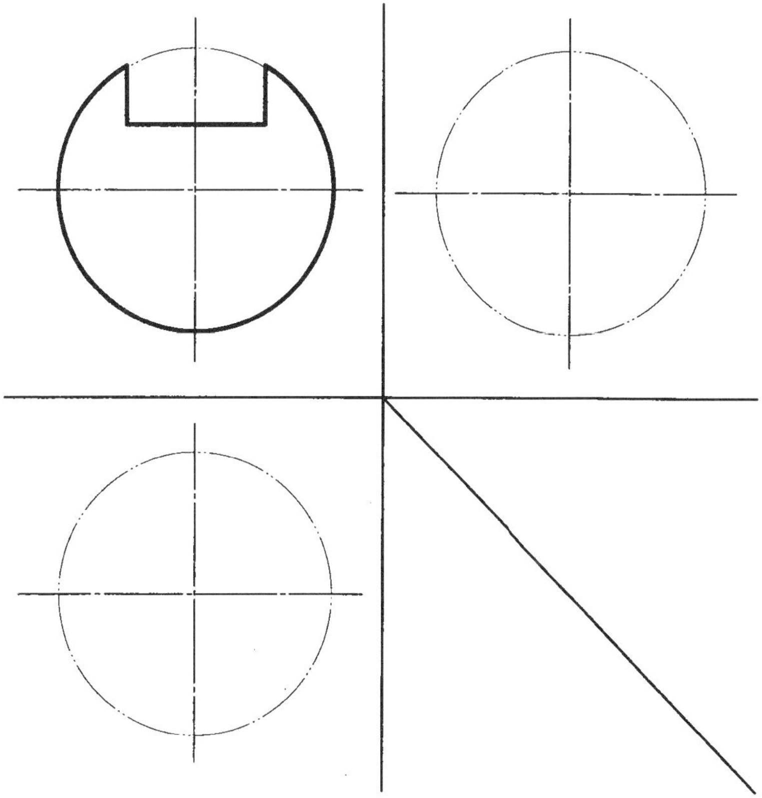

5-6 平面体与曲面体的相贯线

1. 完成三棱锥与圆柱相贯体的三视图

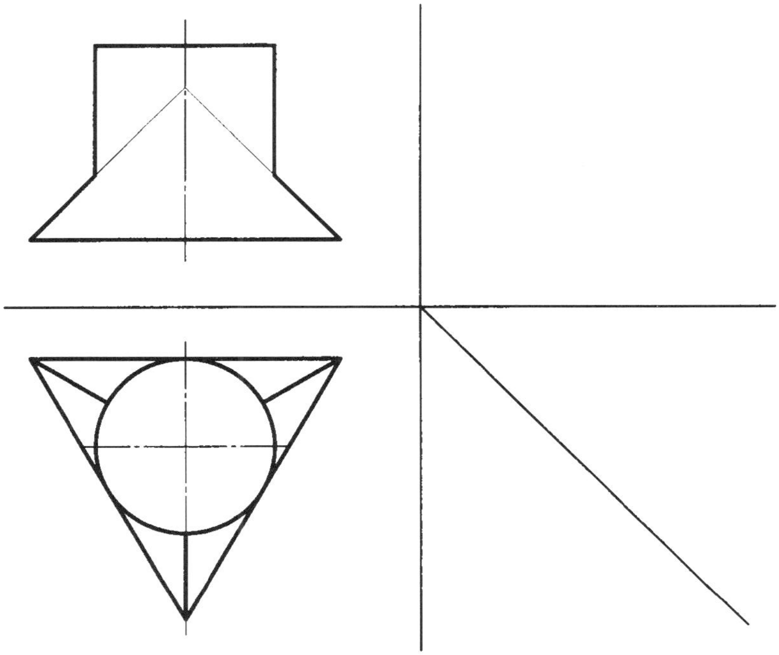

2. 完成圆柱与四棱锥相贯体的三视图

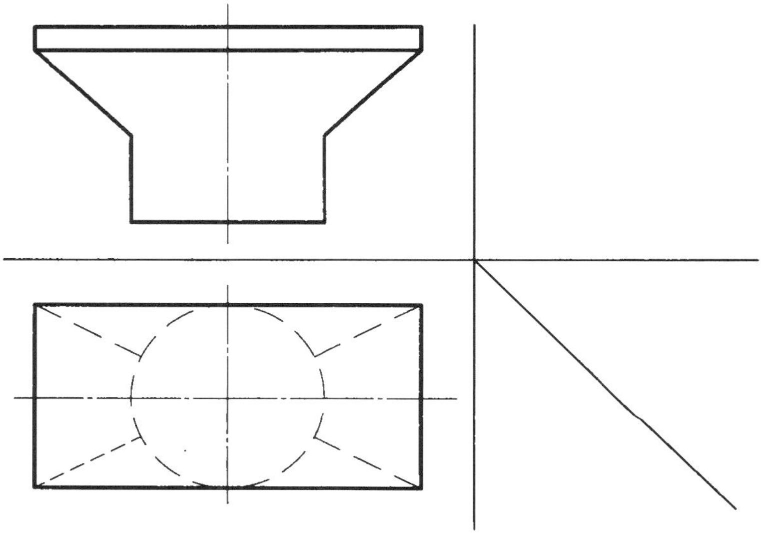

姓名		学号		页次	50

5-7 圆柱与圆柱的相贯线

1. 补画三视图中所缺的相贯线

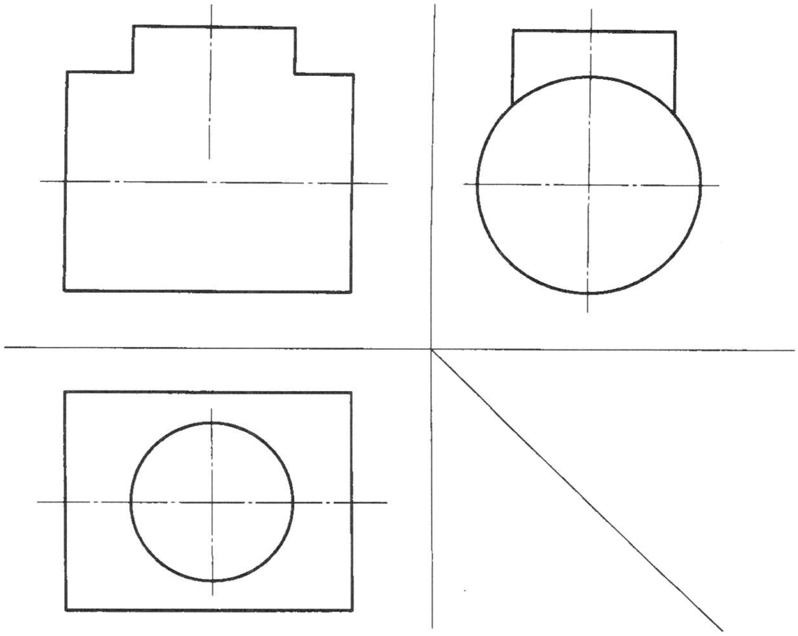

2. 补画三视图中所缺的相贯线

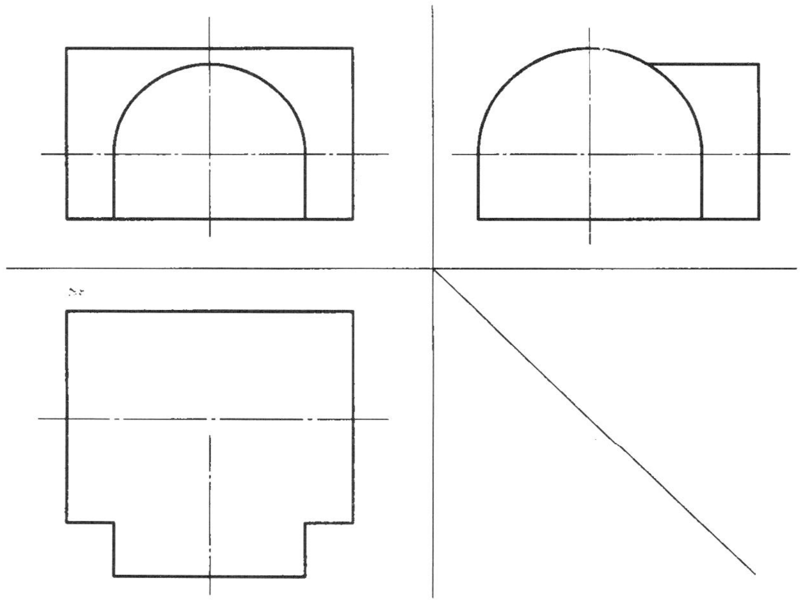

姓名		学号		页次	51

5-7 圆柱与圆柱的相贯线

3. 完成两空心圆柱相贯体的正面投影

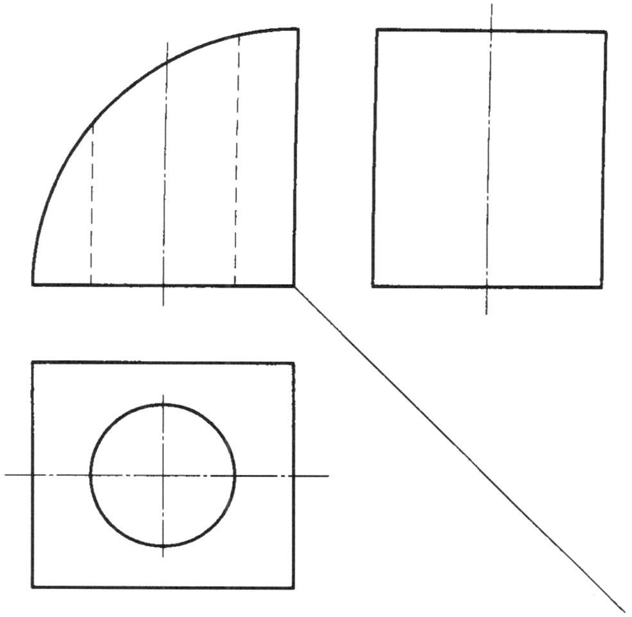

4. 完成两空心圆柱相贯体的正面投影

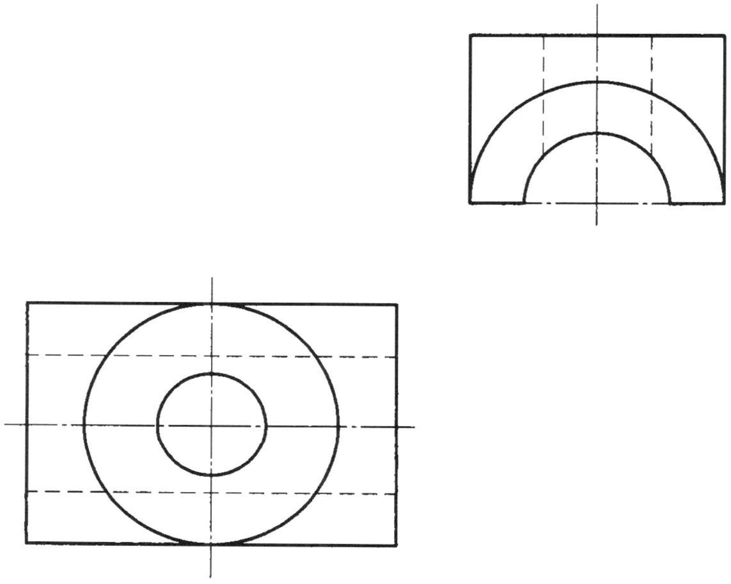

姓名		学号		页次	52

5-8 圆锥与圆柱的相贯线

1. 补画三视图中所缺的相贯线

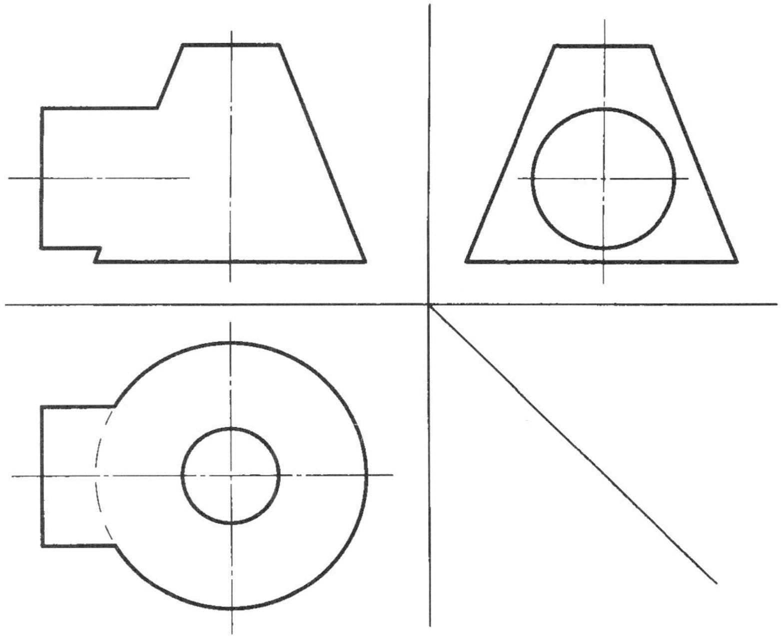

2. 补画三视图中所缺的相贯线

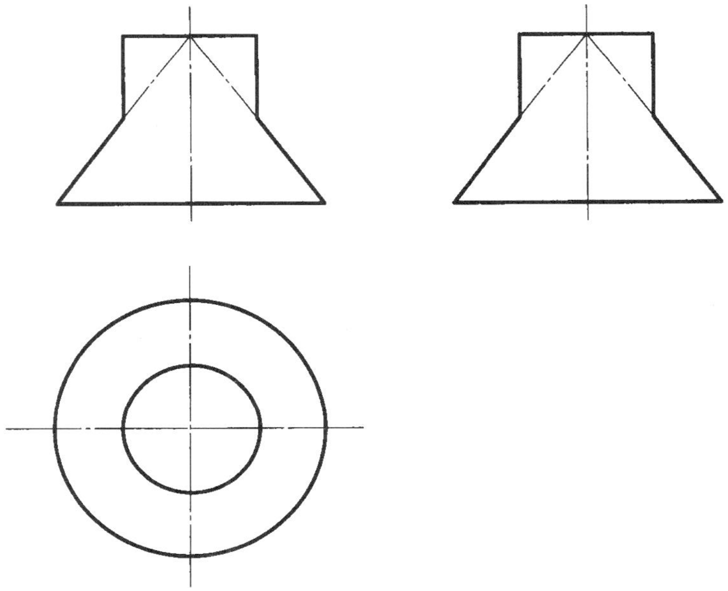

姓名		学号		页次	53

5-9 圆柱与圆球的相贯线

1. 已知相贯体的主左视图，补画俯视图

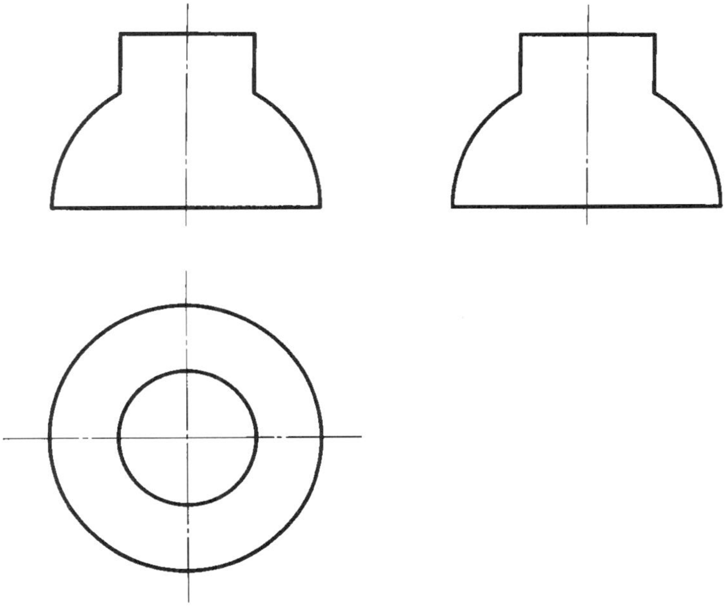

2. 已知圆球从正前向后穿圆孔，补画三视图中所缺的相贯线

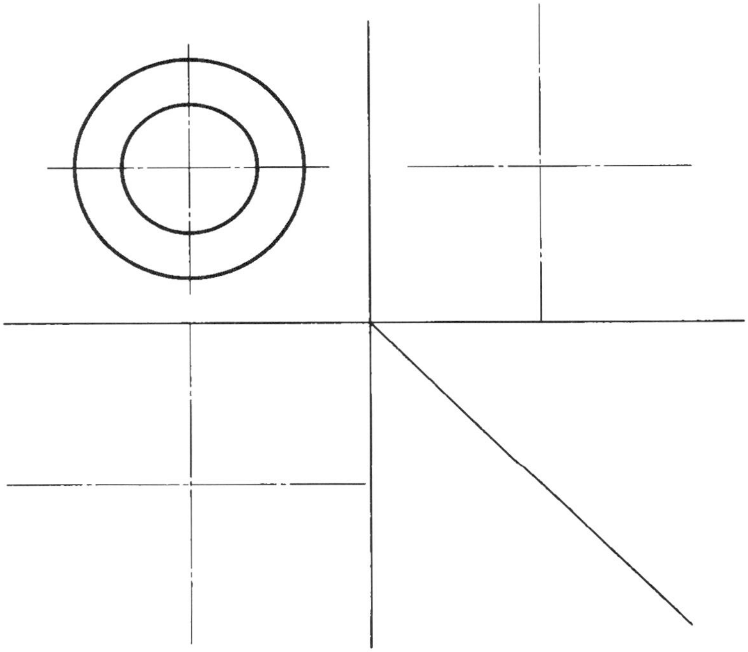

姓名		学号		页次	54

第6章 轴测投影

6-1 作平面体的正等测投影图	姓名		学号		页次	55

1.

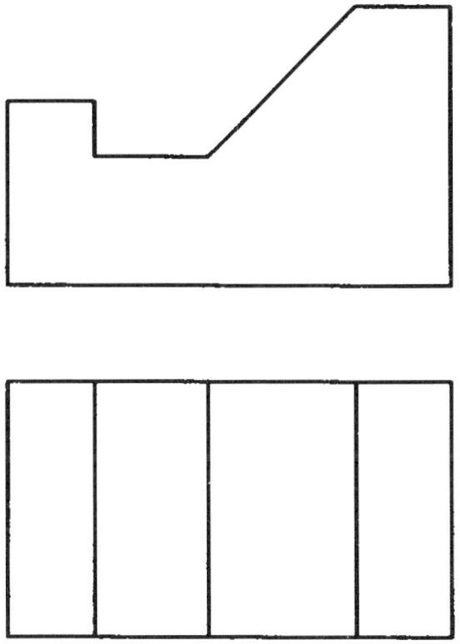

2.

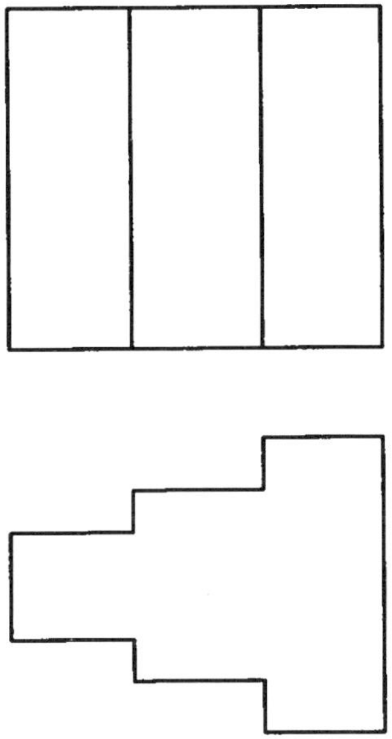

6-1 作平面体的正等测投影图	姓名		学号		页次	56

3.

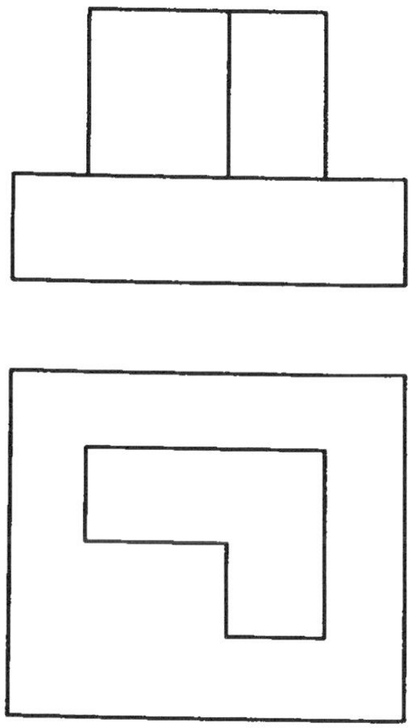

4.

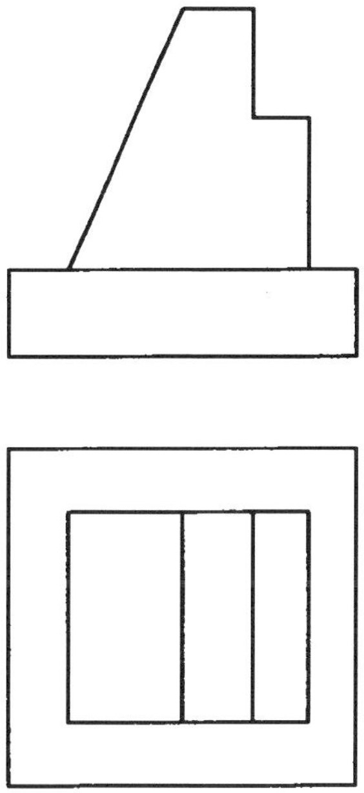

6-1 作平面体的正等测投影图	姓名		学号		页次	57

5.

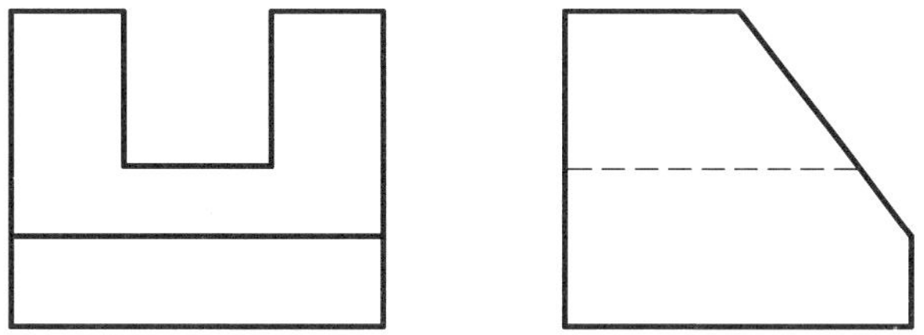

6.

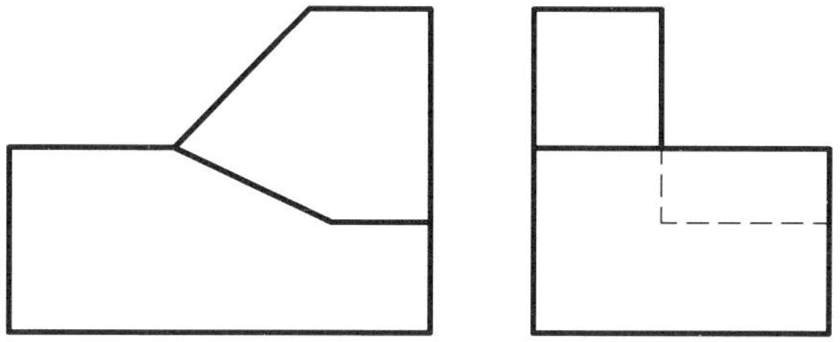

6-1 作平面体的正等测投影图	姓名		学号		页次	58

7.

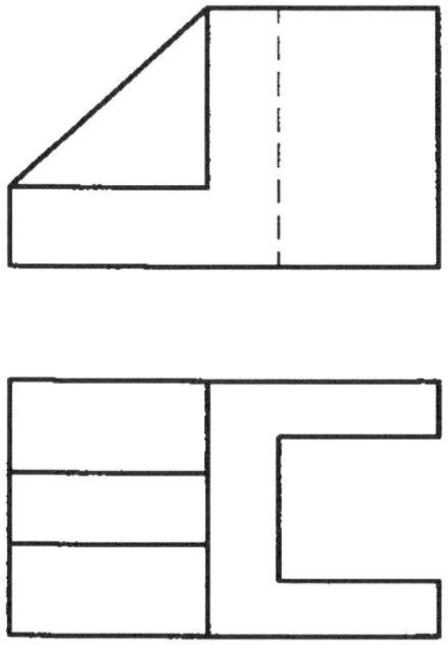

8.

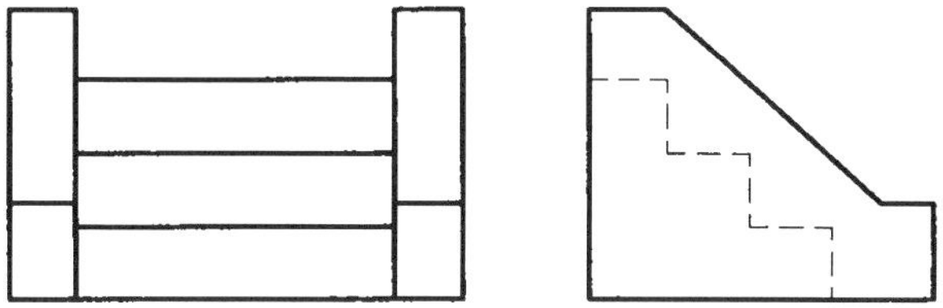

6-2 作曲面体的正等测投影图	姓名		学号		页次	59

1.

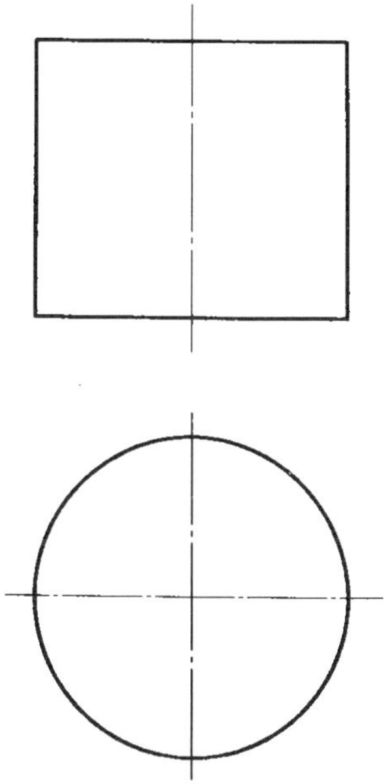

2.

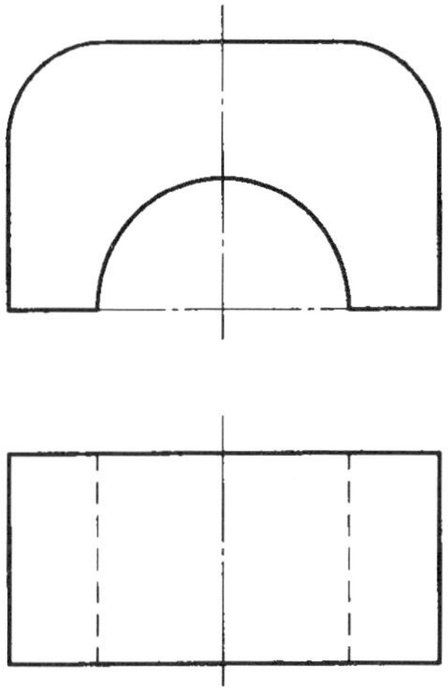

6-3 作正二测投影图	姓名		学号		页次	60

1.

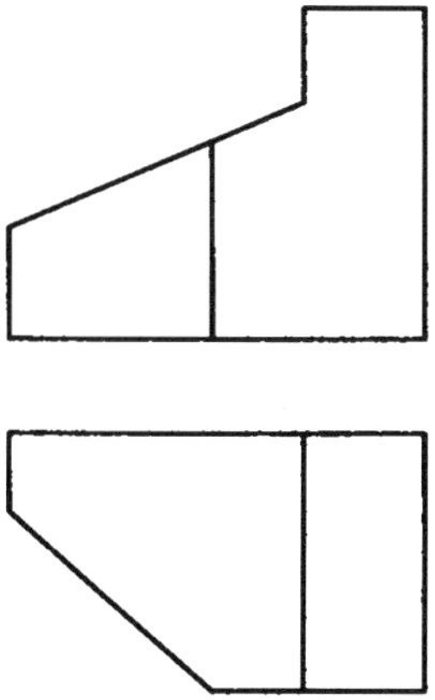

2.

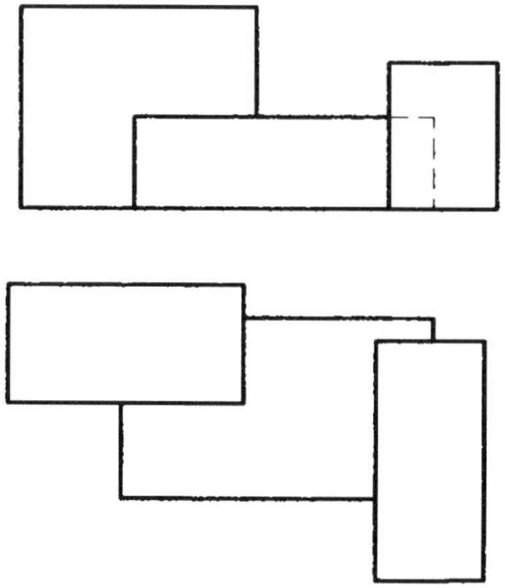

6-4 作正面斜轴测投影图	姓名		学号		页次	61

1.

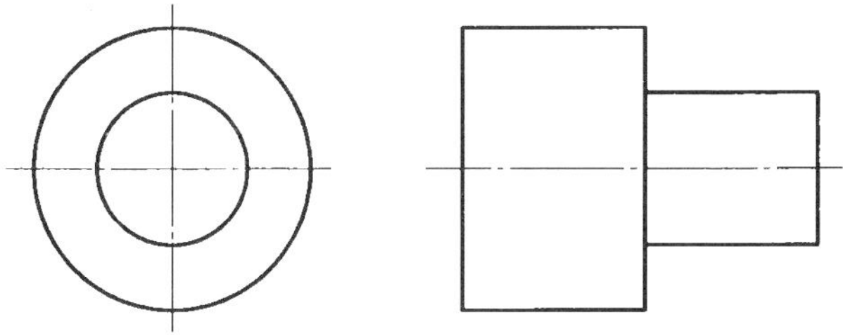

2.

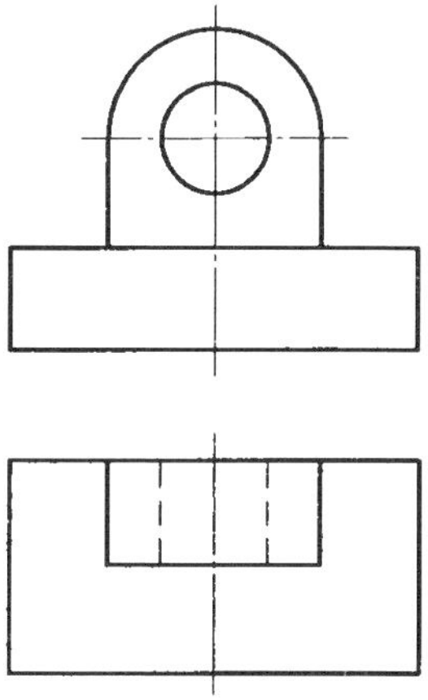

6-4 作正面斜轴测投影图	姓名		学号		页次	62

3.

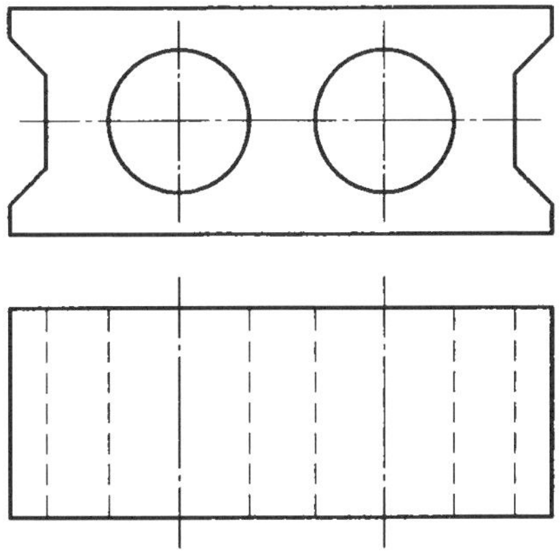

4.

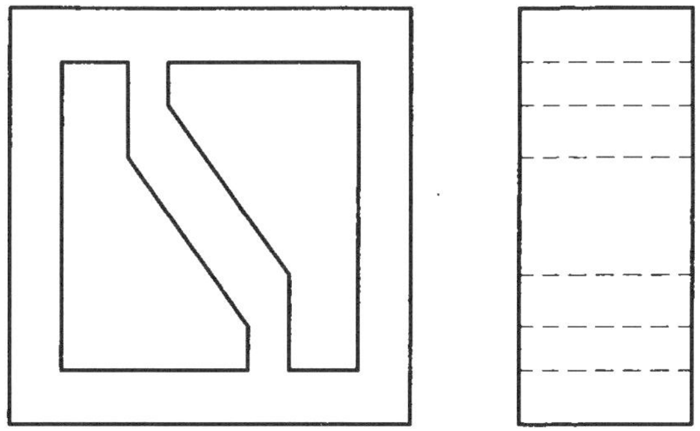

6-5 作水平斜轴测投影图	姓名		学号		页次	63

1.

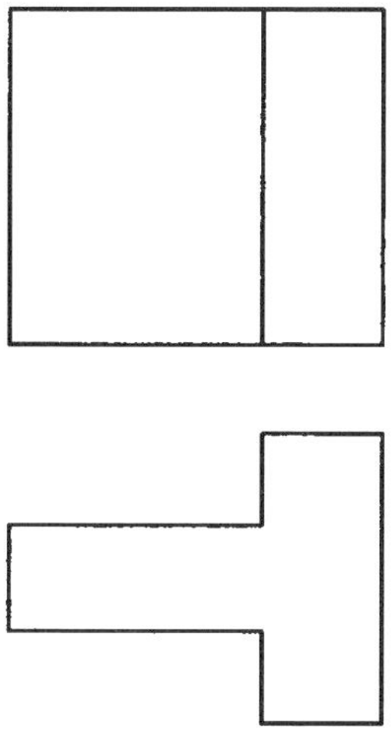

2.

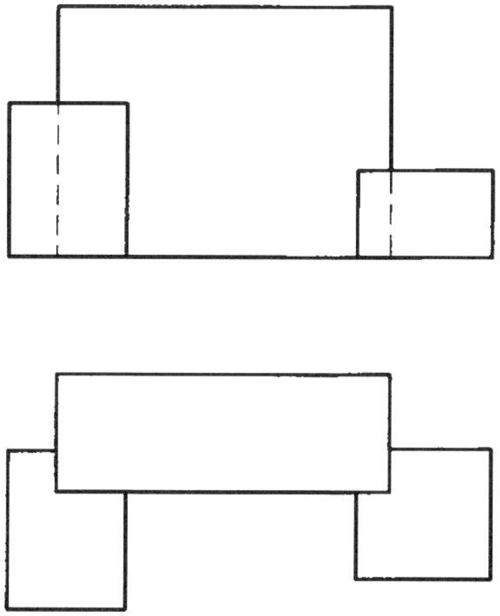

第 7 章　组合体视图

7-1 画出组合体的三视图	姓名		学号		页次	64

1.

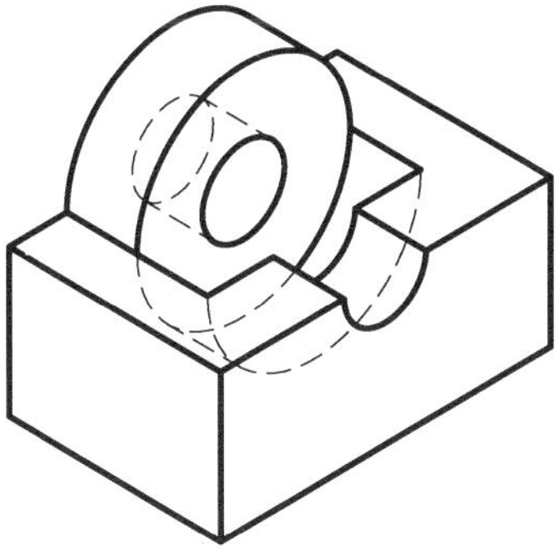

2.

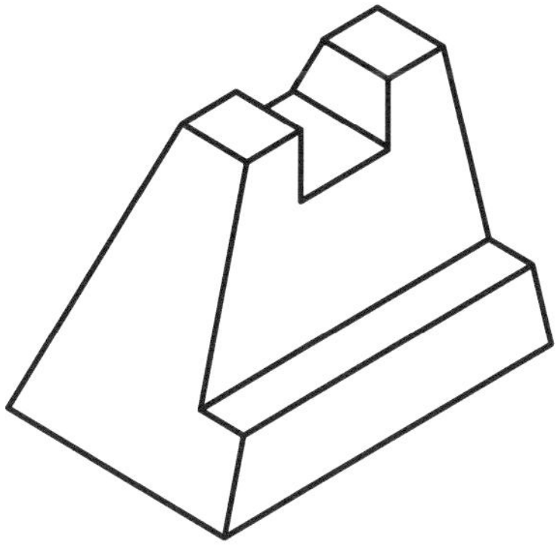

7-1 画出组合体的三视图	姓名		学号		页次	65

3.

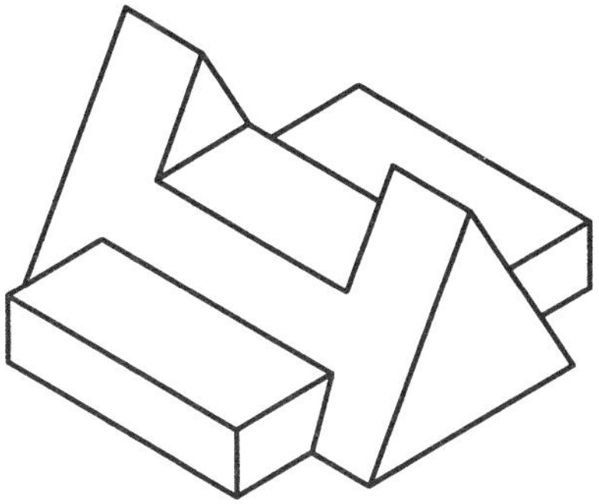

4.

7-2 用A4图纸画出三视图，并标注尺寸，比例自定	页次	66

1.

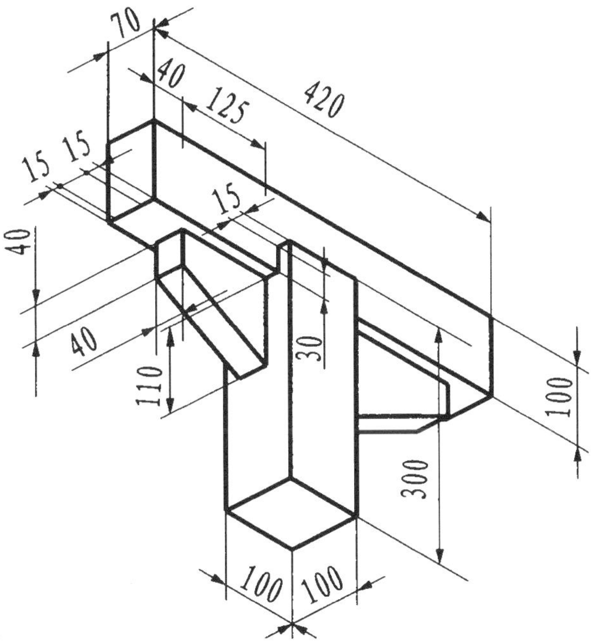

2.

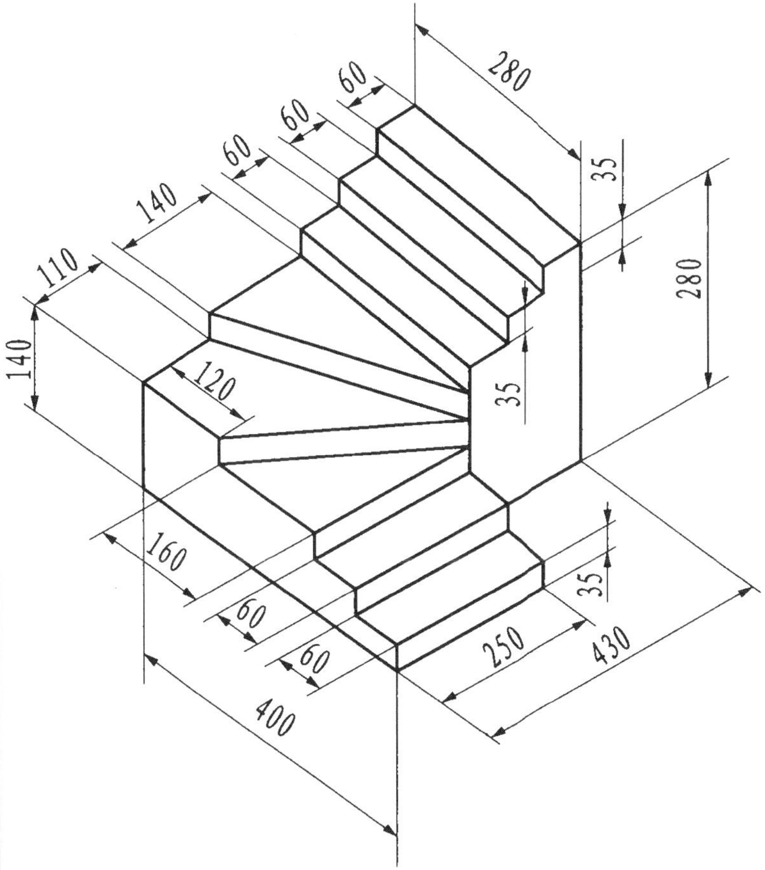

7-3 根据两视图构思形体	姓名		学号		页次	67

1. 构思两个形体画出左视图

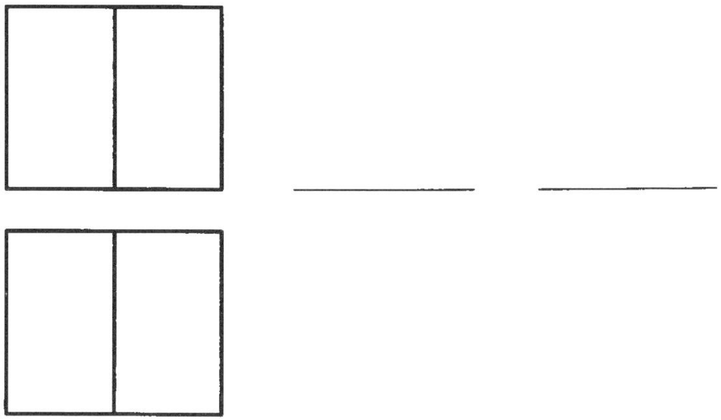

2. 构思两个形体画出左视图

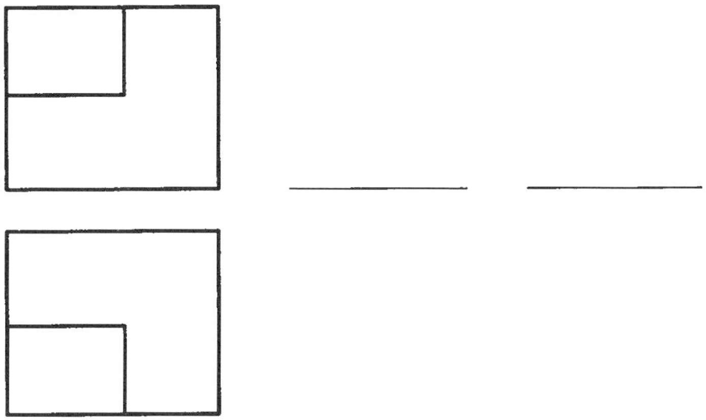

3. 构思两个形体画出主视图

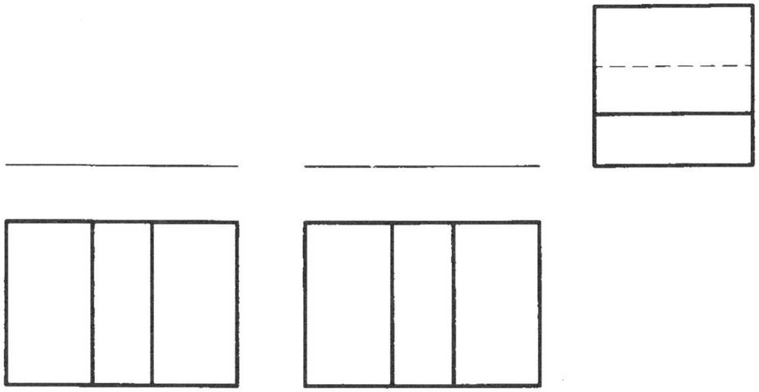

4. 构思两个形体画出主视图

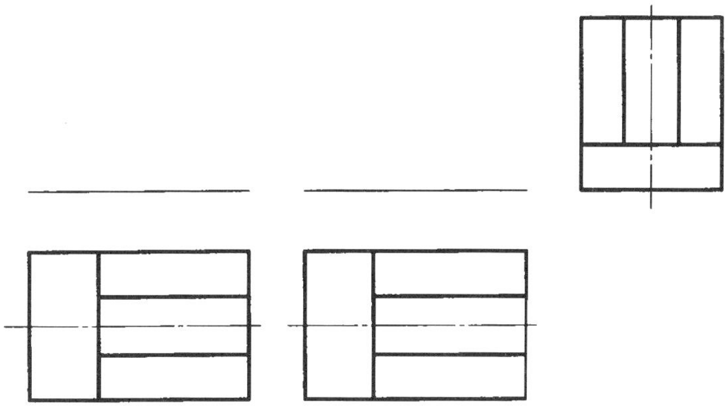

7-4 画出轴测图并补画第三视图	姓名		学号		页次	68

1.

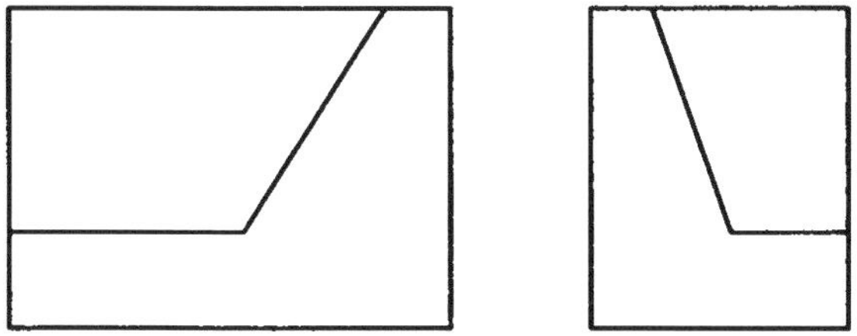

2.

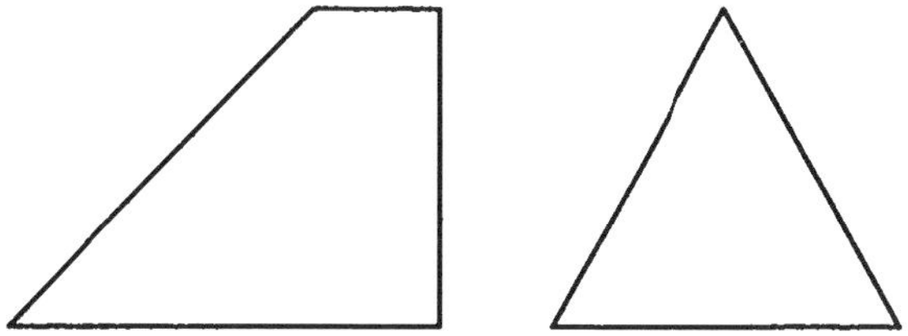

7-4 画出轴测图并补画第三视图	姓名		学号		页次	69

3.

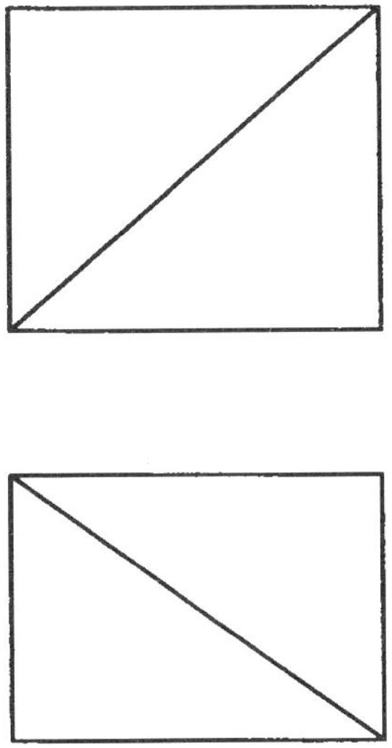

4.

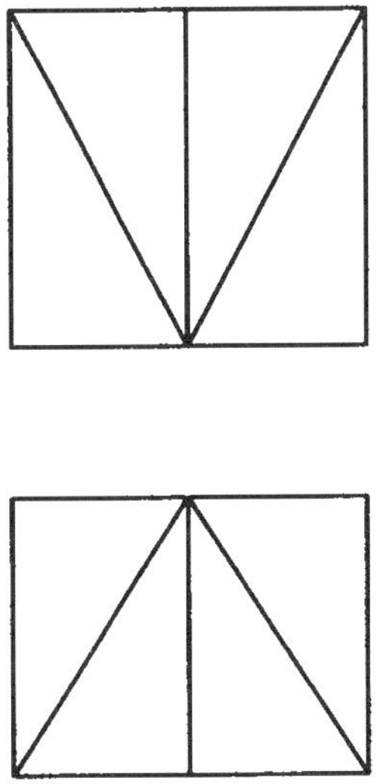

7-5 补画三视图中的缺线	姓名		学号		页次	70

1.

2.

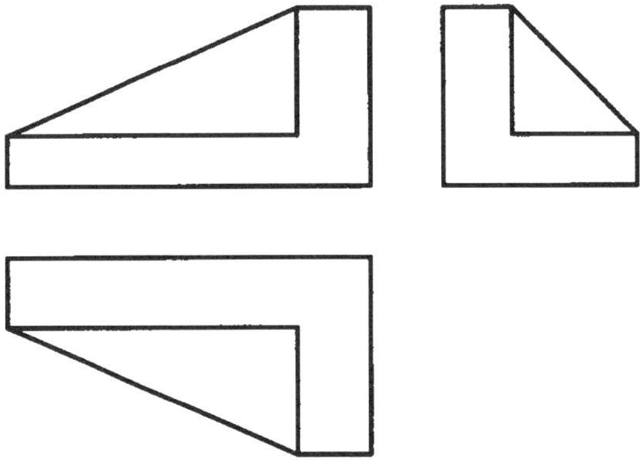

3.

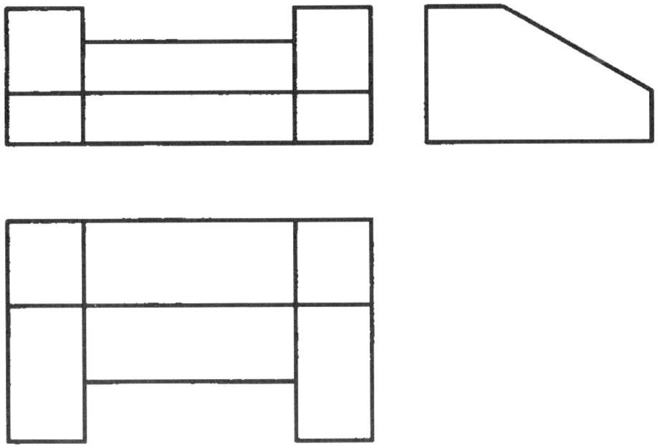

4.

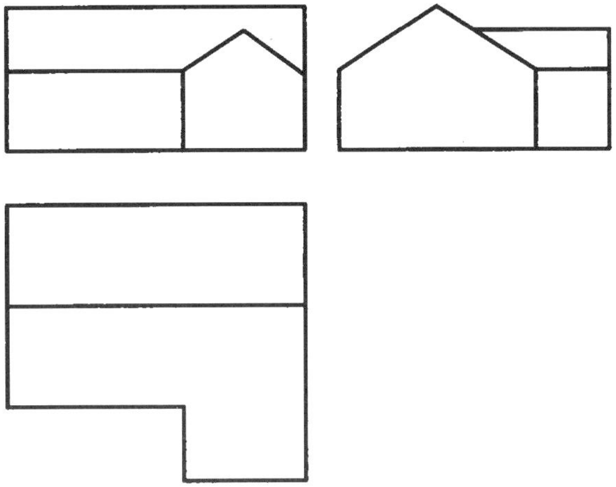

7-6 形体分析并补画第三视图	姓名		学号		页次	71

1.

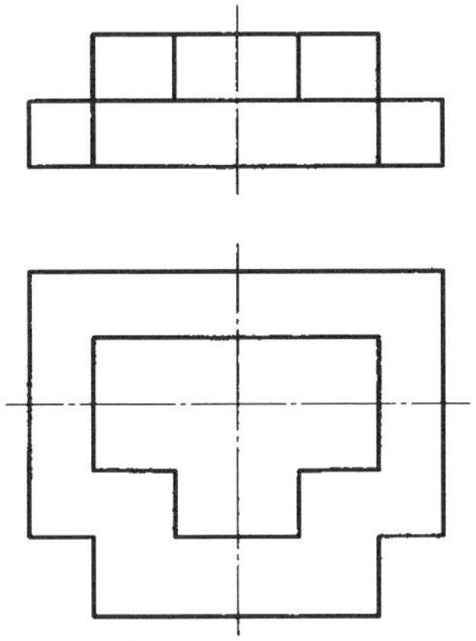

2.

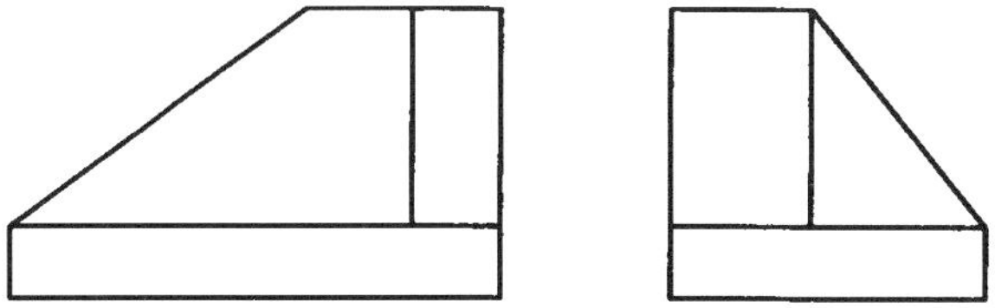

3.

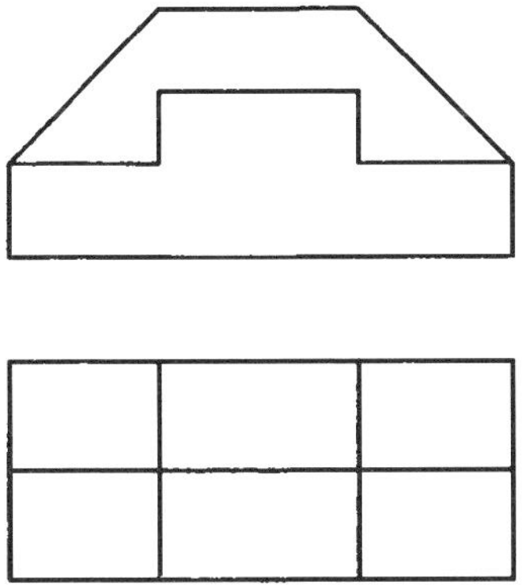

4.

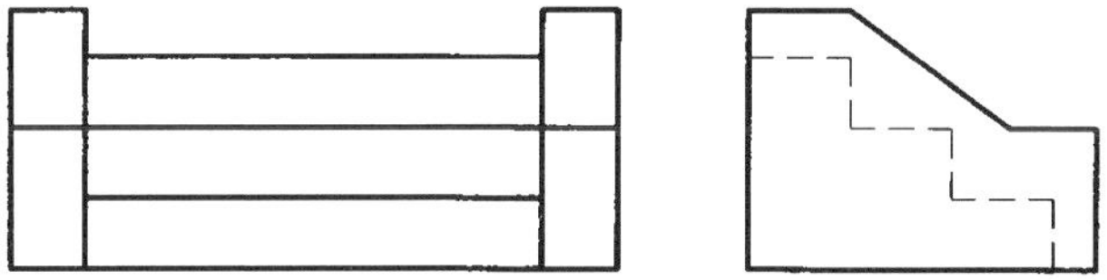

7-6 形体分析并补画第三视图	姓名		学号		页次	72

5.

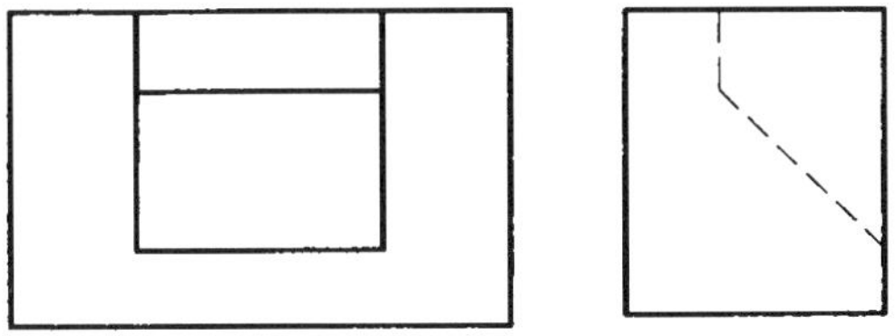

6.

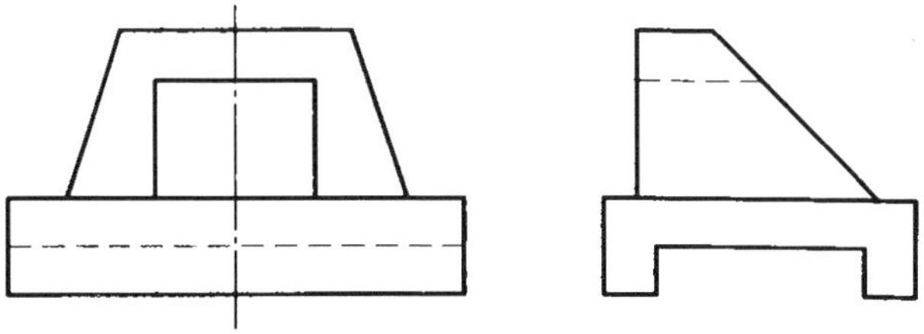

7.

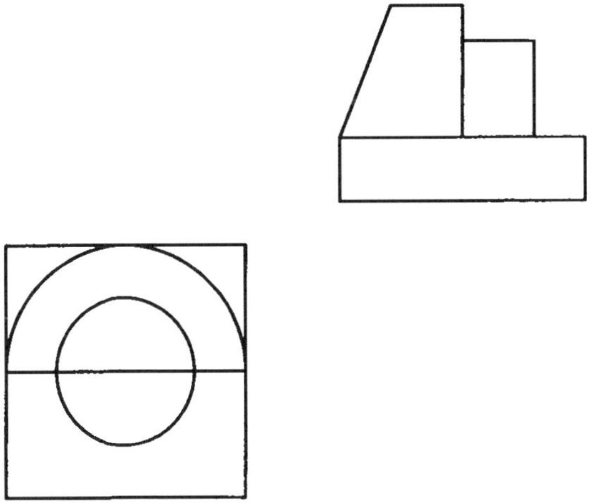

8.

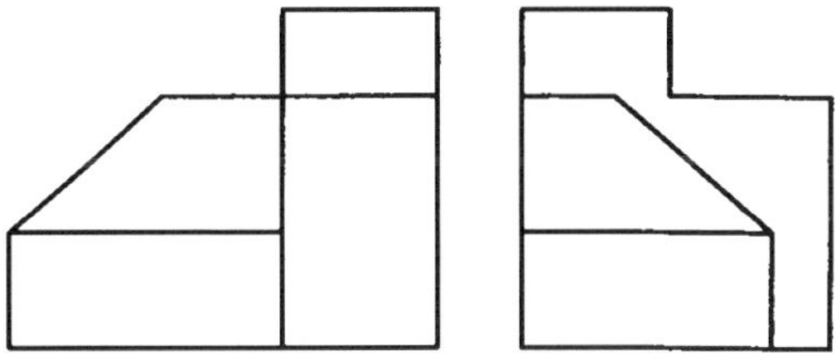

7-7 线面分析并补画第三视图	姓名		学号		页次	73

1.

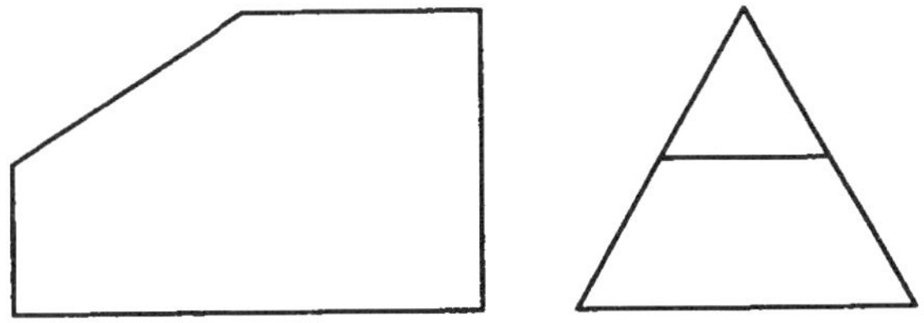

2.

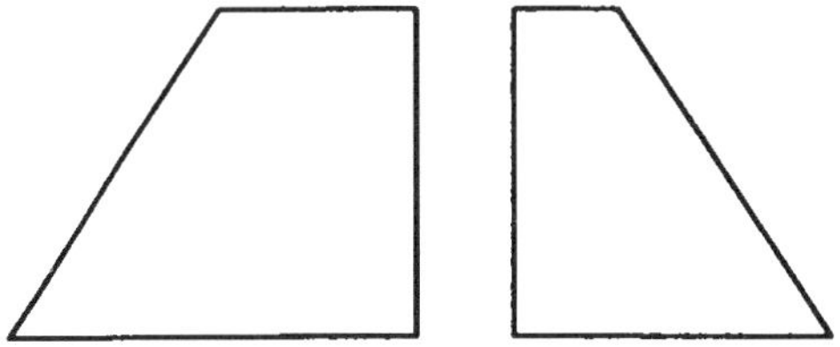

3.

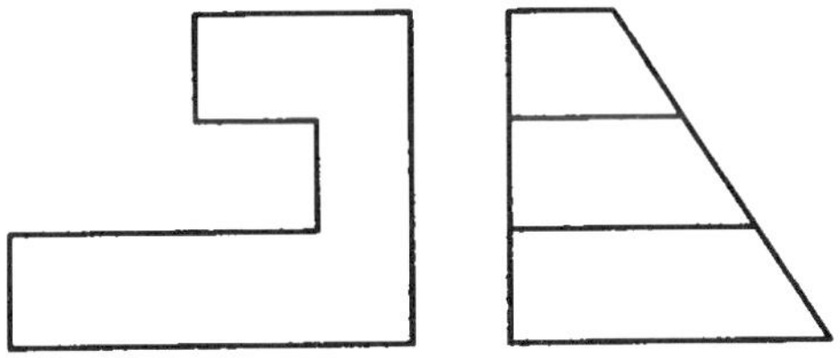

4.

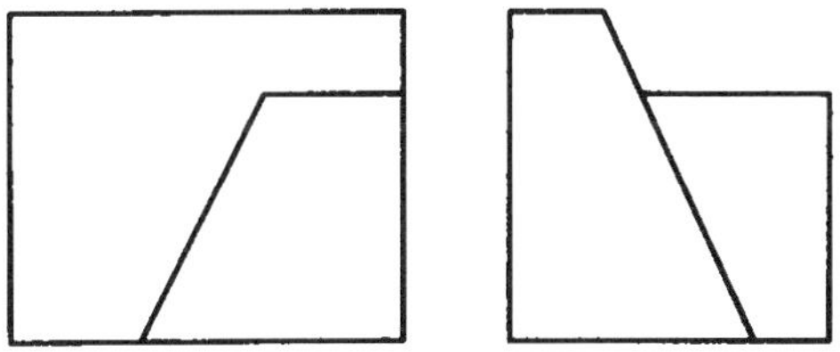

7-7 线面分析并补画第三视图	姓名		学号		页次	74

5.

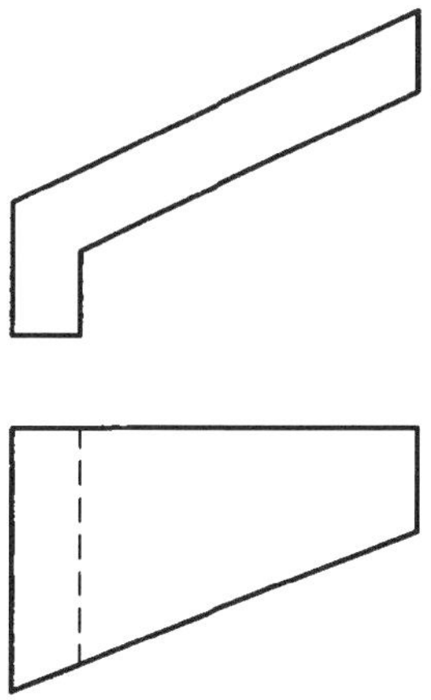

6.

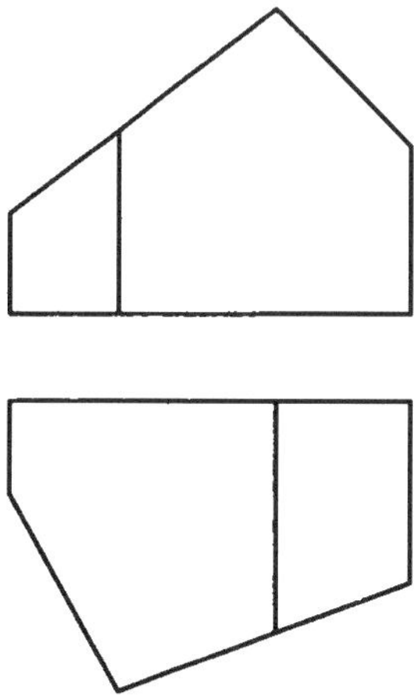

7.

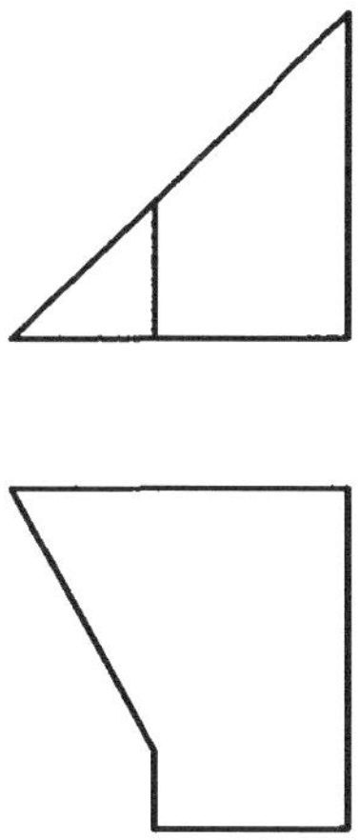

8.

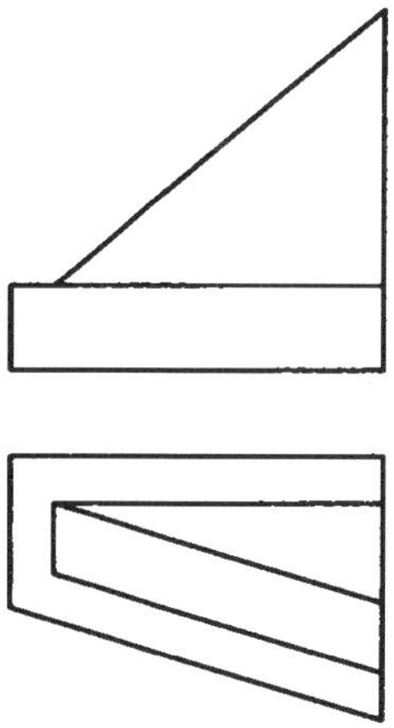

7-8 综合分析并补画第三视图	姓名		学号		页次	75

1.

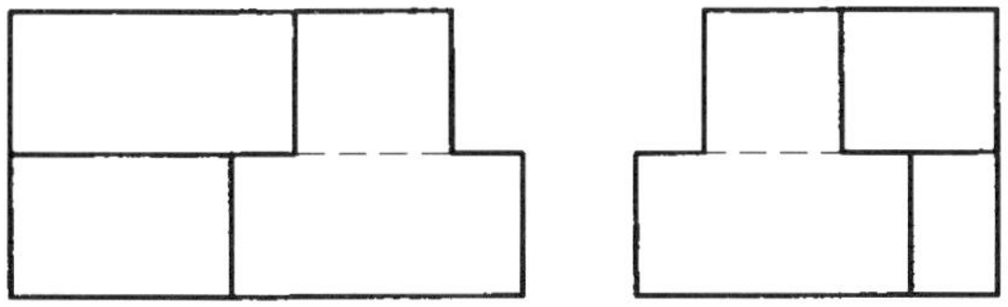

2.

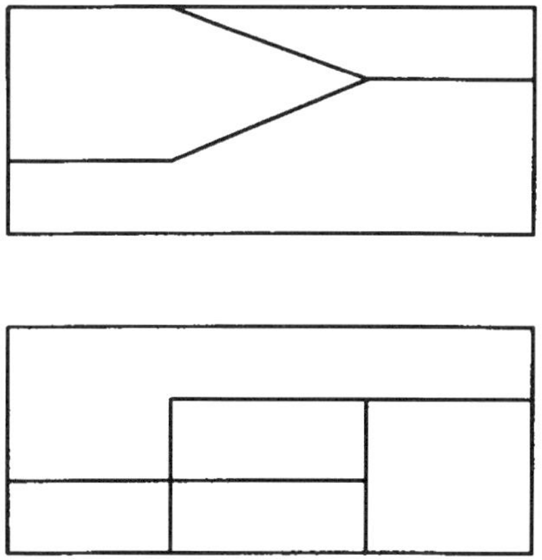

3.

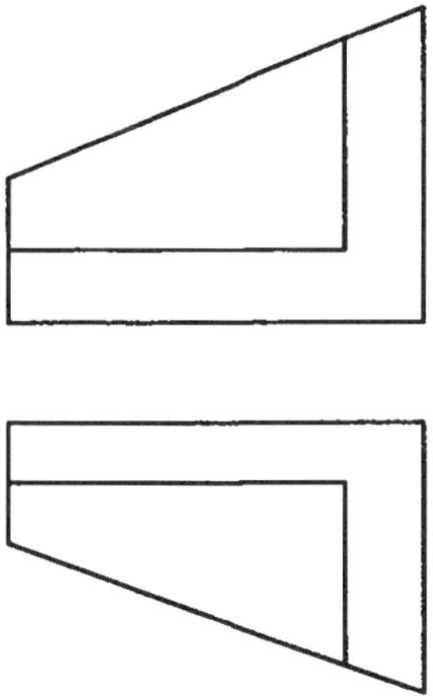

4.

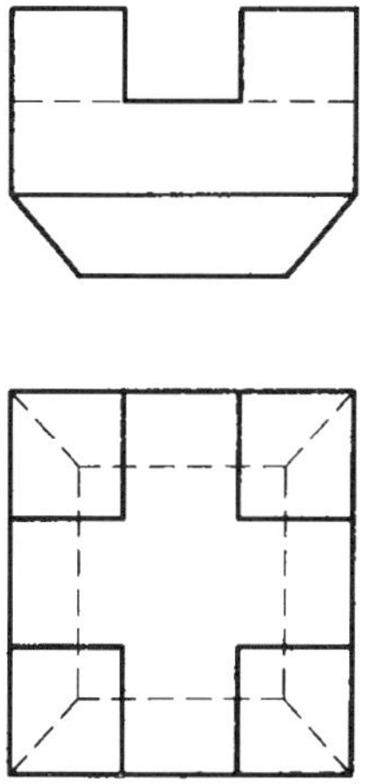

7-8 综合分析并补画第三视图

5.

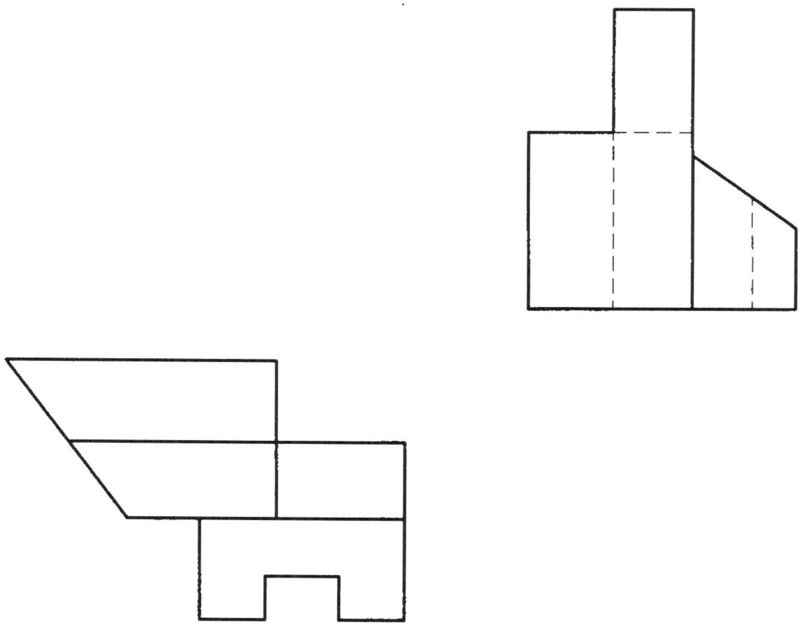

6.

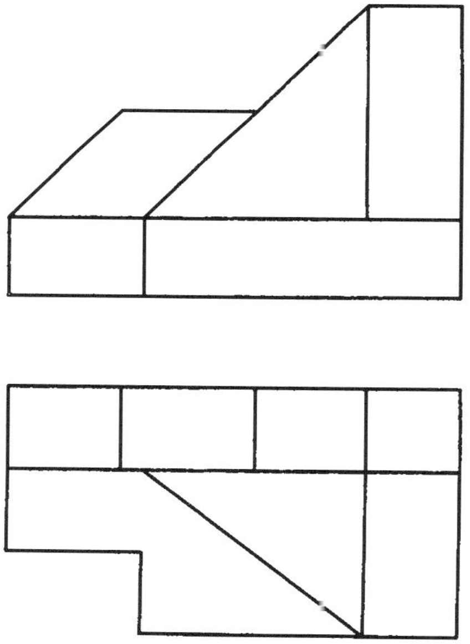

姓名		学号		页次	76

7-8 综合分析并补画第三视图

7.

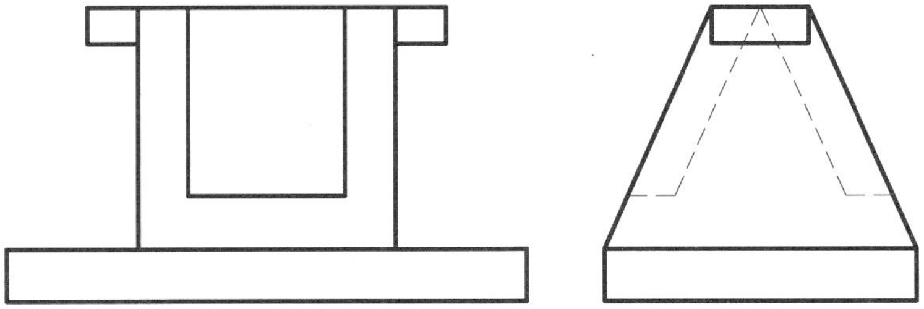

8.

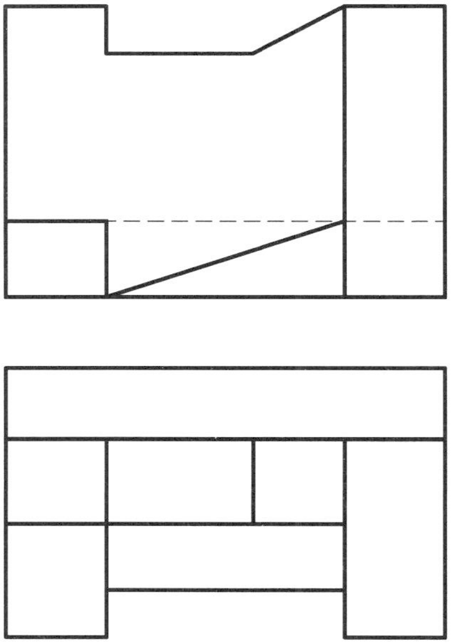

姓名		学号		页次	77

第8章　工程形体的表达方法

8-1 基本视图与视图配置	姓名		学号		页次	78

1. 根据建筑模型，画出其六个基本视图（尺寸从图中量取）

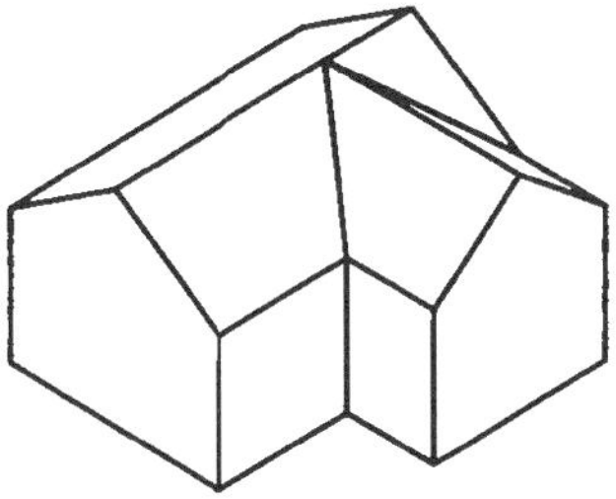

2. 作出形体的平面图和镜像视图

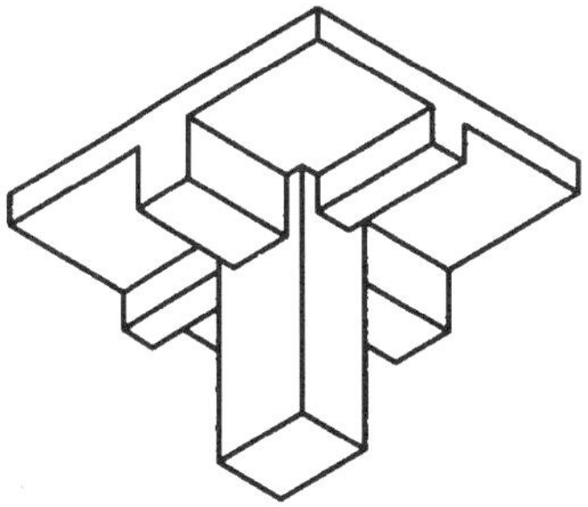

8-2 剖面图

1.作出形体的1-1、2-2、3-3剖面图

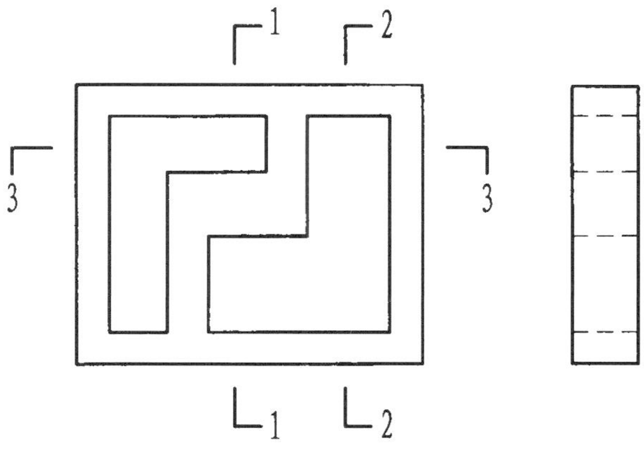

2.作形体的1-1剖面图

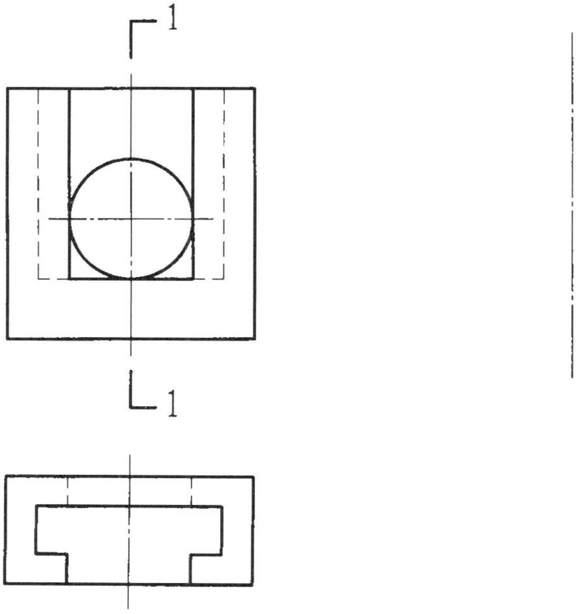

姓名		学号		页次	79

8-2 剖面图

3.将涵洞的正立面图改为全剖面图并补画W面投影（材料：混凝土）

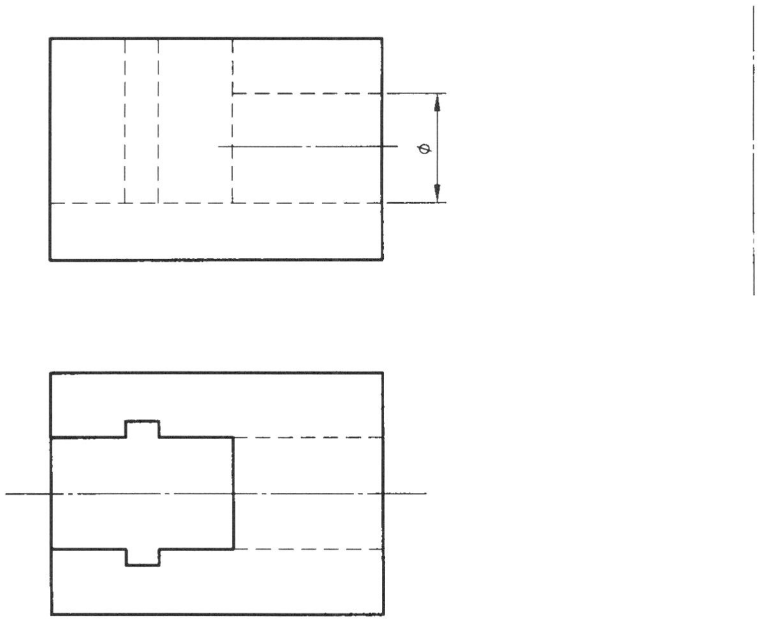

4.作出形体的1-1剖面图

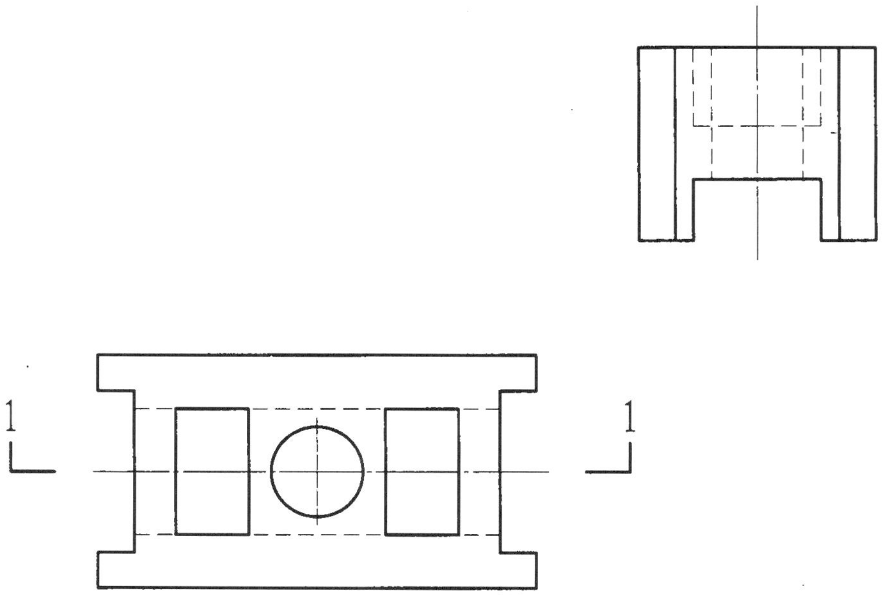

姓名		学号		页次	80

8-2 剖面图

5.作形体的1-1、2-2剖面图（材料：混凝土）

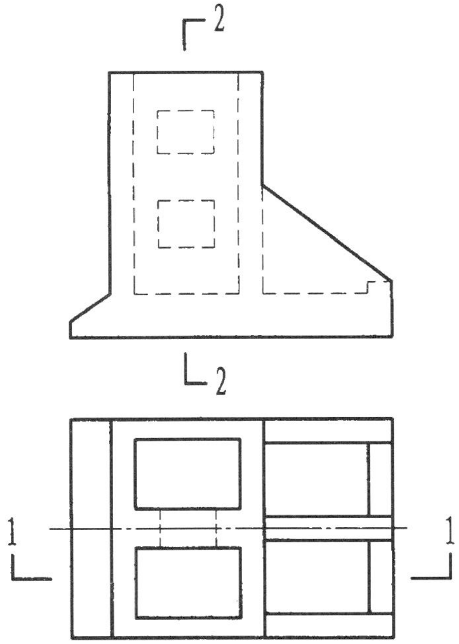

6.作形体的2-2、3-3剖面图

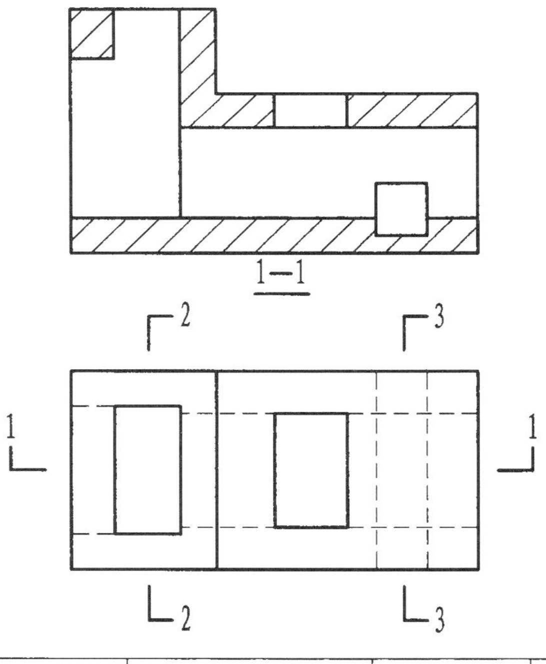

姓名		学号		页次	81

8-2 剖面图

7.作形体的1-1半剖面图（材料：混凝土）

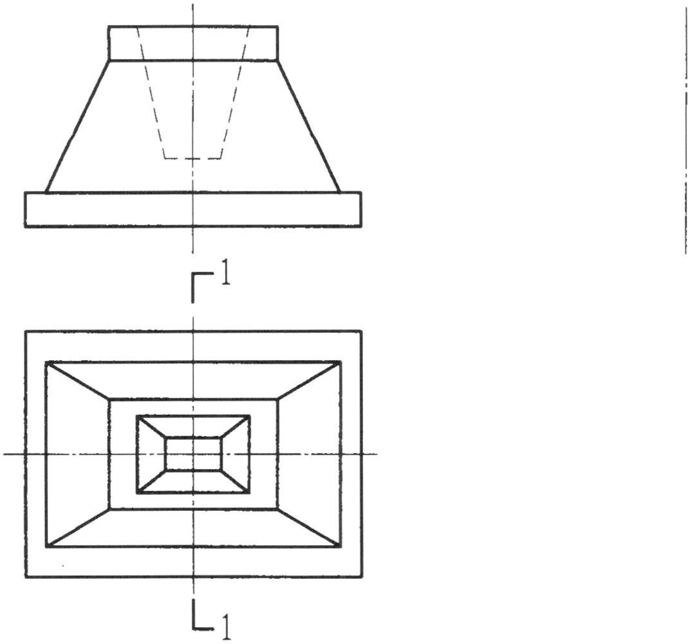

8.将形体的正立面图改画为半剖面图并画出1-1半剖面图

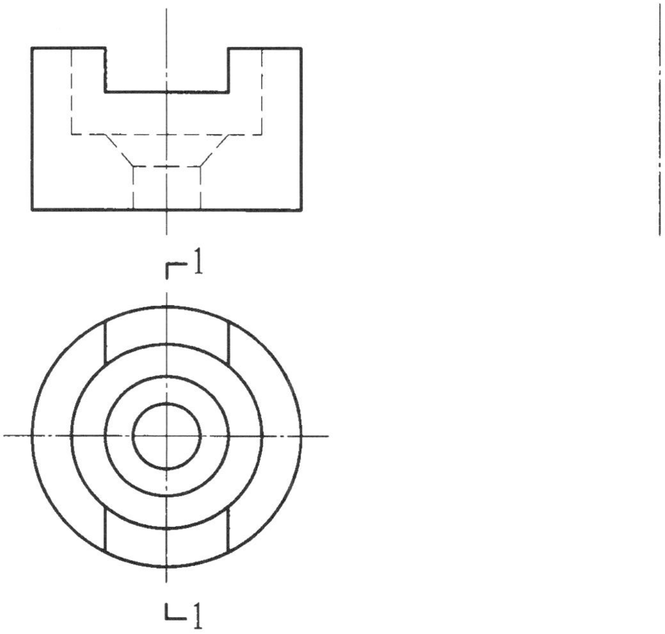

姓名		学号		页次	82

8-2 剖面图

9. 作出形体的1-1剖面图

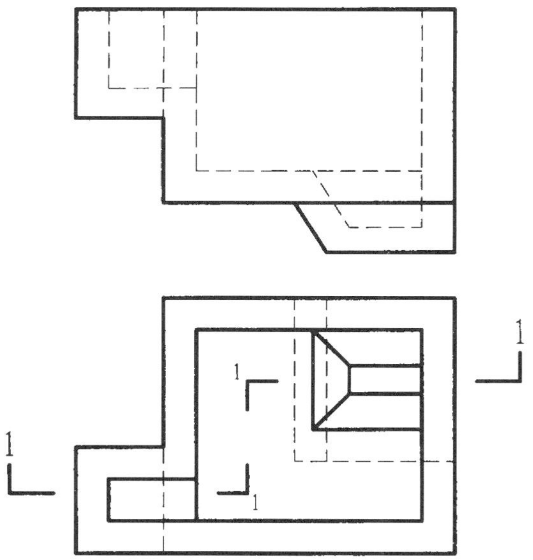

10. 作形体的1-1剖面图（材料：混凝土）

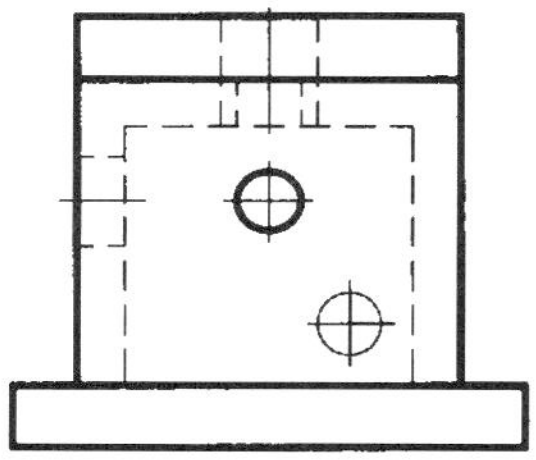

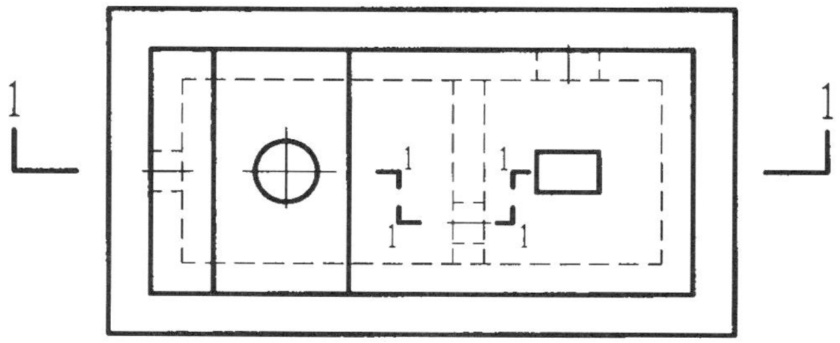

姓名		学号		页次	83

8-2 剖面图

11. 分析剖视图中的错误，在右边画出正确的局部剖面图

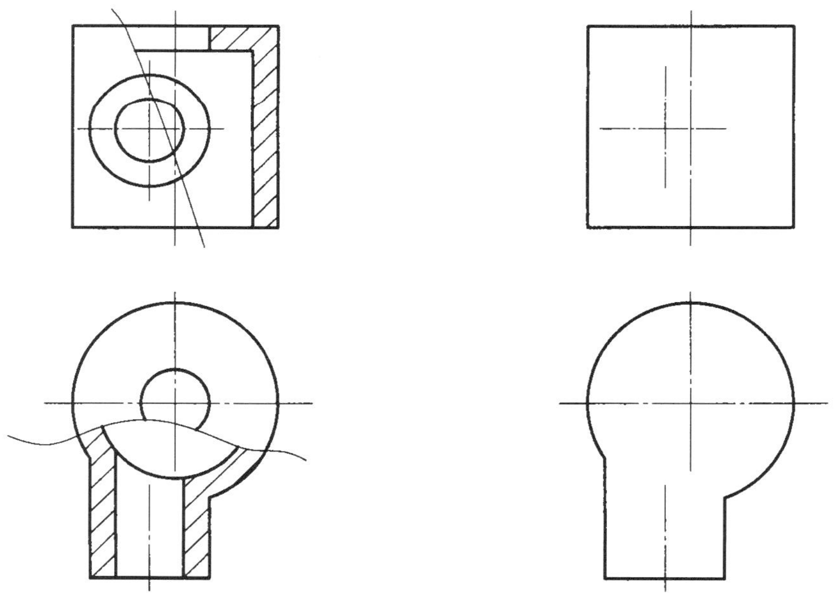

12. 画出形体的1-1旋转剖面图（材料：金属）

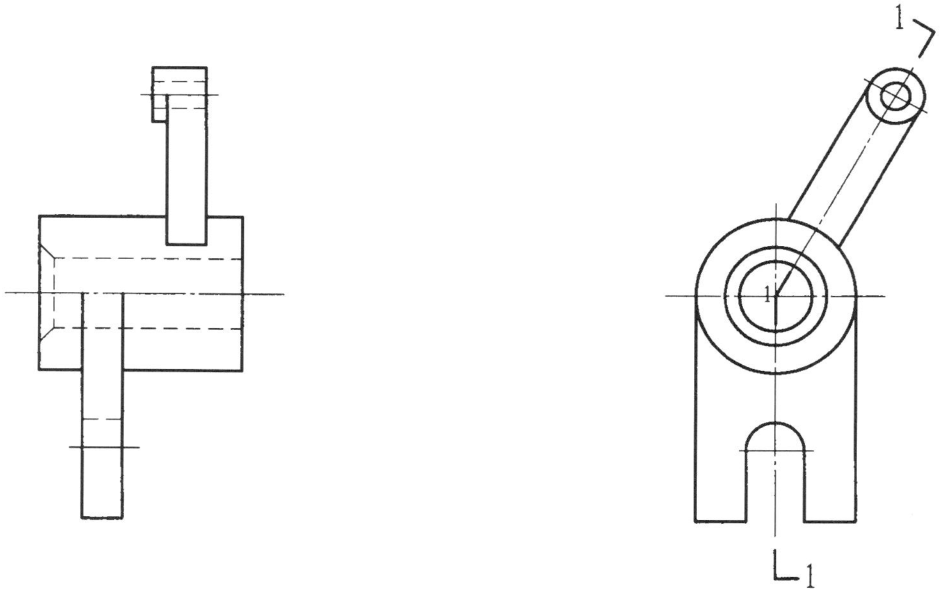

姓名		学号		页次	84

8-3 断面图	姓名		学号		页次	85

1.作出图（2）中的中断断面、图（3）中的重合断面

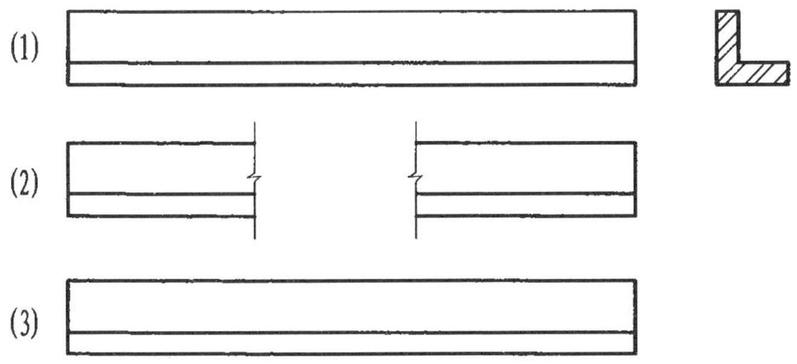

2.作柱子的1-1、2-2、3-3断面图（材料：钢筋混凝土）

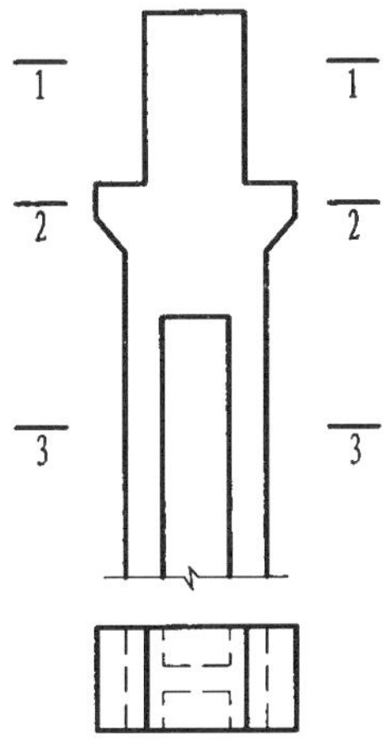

3.作1-1、2-2断面（材料：钢筋混凝土）

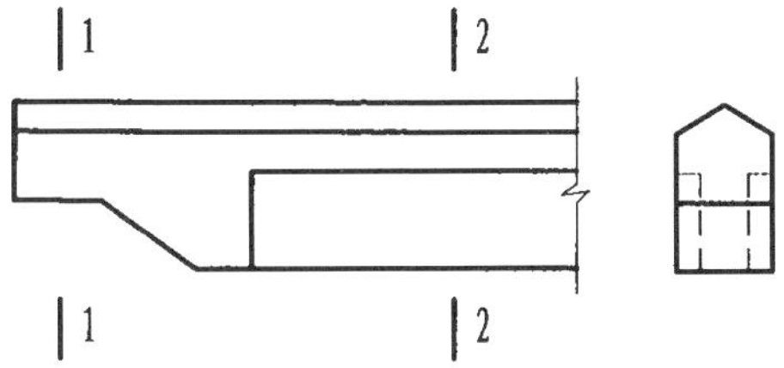

4.作台阶的1-1断面图（材料：混凝土）

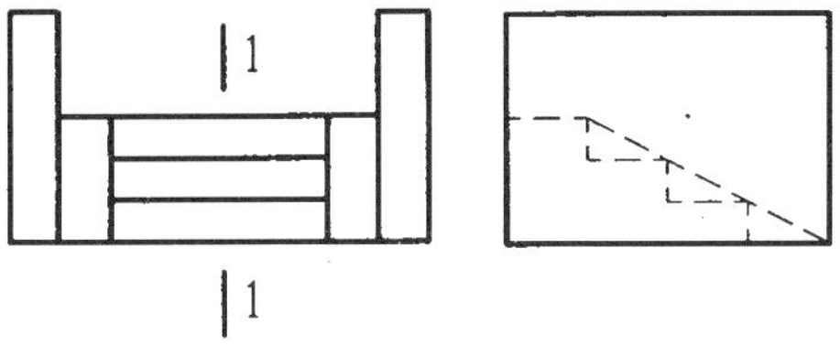

8-4 形体的表达应用举例

1.作门口外墙的2-2剖面图（雨篷宽度同顶级台阶）

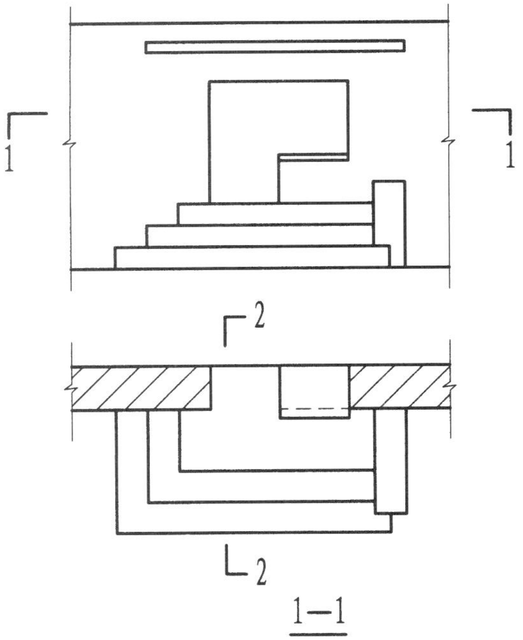

2.作建筑形体的3-3剖面图

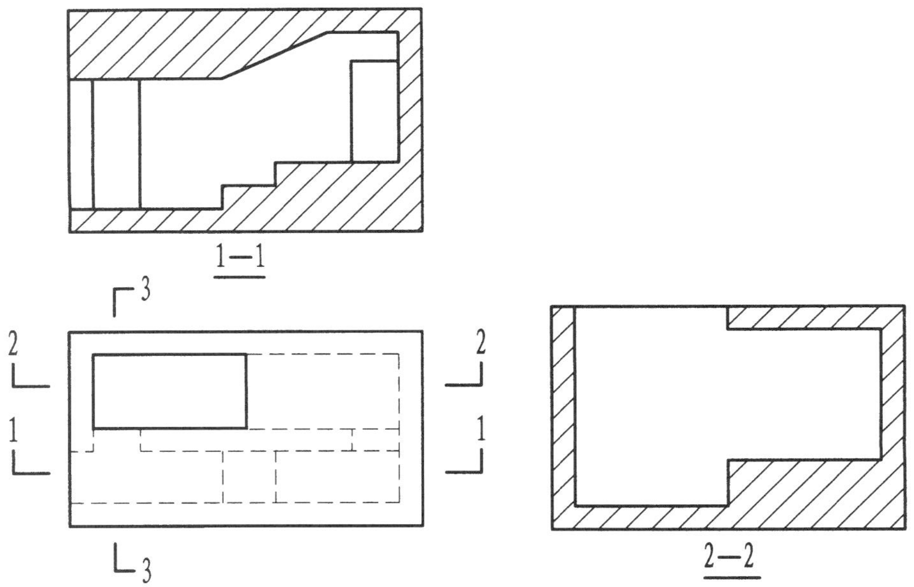

姓名		学号		页次	86

8-4 形体的表达应用举例

3.作钢柱的1-1半剖面图

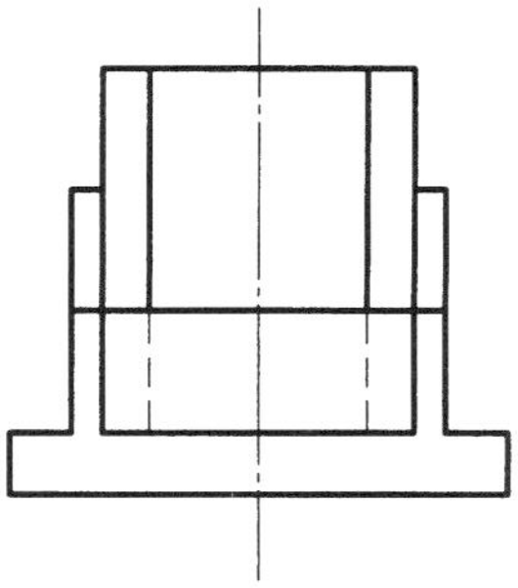

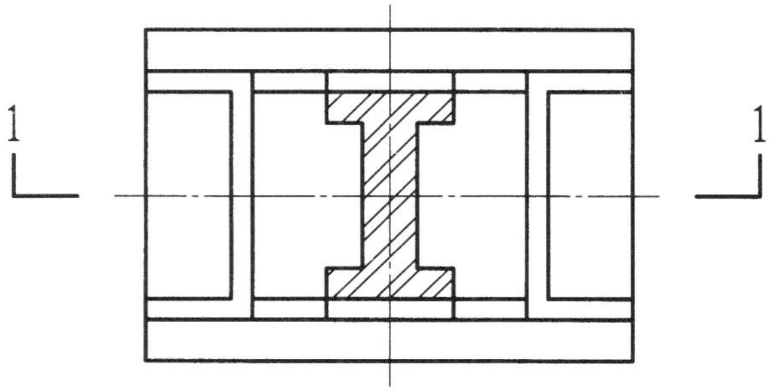

4.作出房屋模型的2-2、3-3剖面图

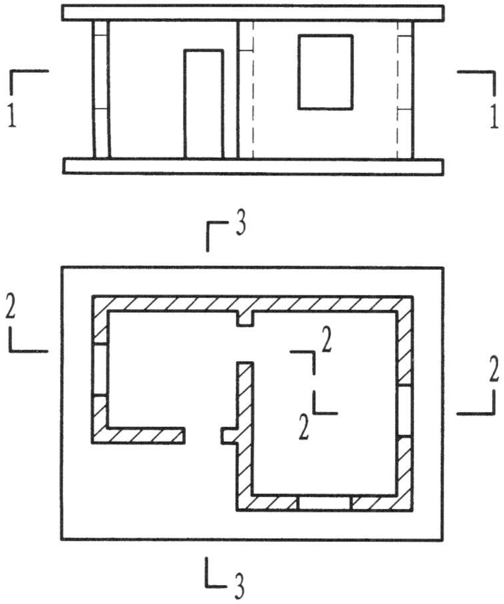

1—1

姓名		学号		页次	87

第9章　钢筋混凝土结构图

9-1 钢筋图基本知识	姓名		学号		页次	88

1. 填空

（1） 钢筋按生产工艺和抗拉强度的不同可以分为______、______、______、______等多种强度等级。

（2） 按钢筋在梁、板、柱等构件中所起的作用不同，可分为______、______、______、______。

（3） 弯钩的形式有四种：______、______、______、______。

（4） 混凝土可分为若干等级，如______，其中的数字表示______，数字越大，抗压强度越大。

（5） 8-YKB7-36-2表示______。

（6） 在钢筋混凝土构件的配筋图中，钢筋的编号一般采用先______，后______。

（7） 梁平面整体表示法是在______或______。

（8） 柱平面整体表示法是在______或______。

2. 钢筋标注并画出详图

已知梁中受力筋为HRB335，直径是16mm；架立钢筋为HPB235，直径是12mm；箍筋为HPB235，直径是8mm。对梁立面图和断面图中钢筋进行标注，并画出钢筋详图。（不考虑尺寸，只画形状）

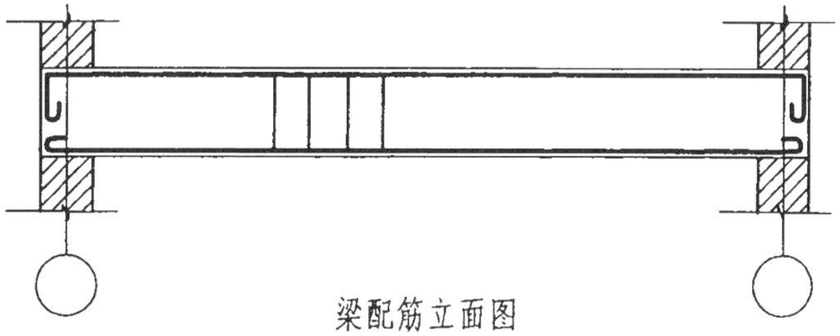

梁配筋立面图

1—1

9-2 钢筋混凝土构件图	姓名		学号		页次	89

1. 已知多跨梁的配筋平面图，绘制1-1和2-2断面图(板厚100mm)

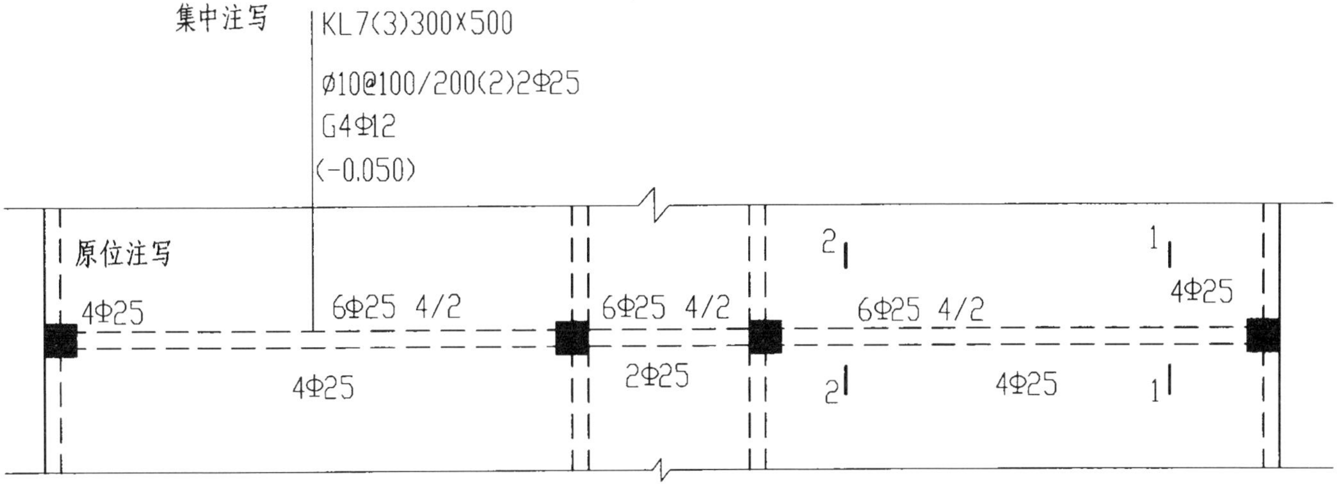

1-1 1:25

2-2 1:25

9-2 钢筋混凝土构件图	姓名		学号		页次	90

2.根据梁的配筋立面图和钢筋详图，绘制1-1和2-2断面图(钢筋保护层厚度为25mm)

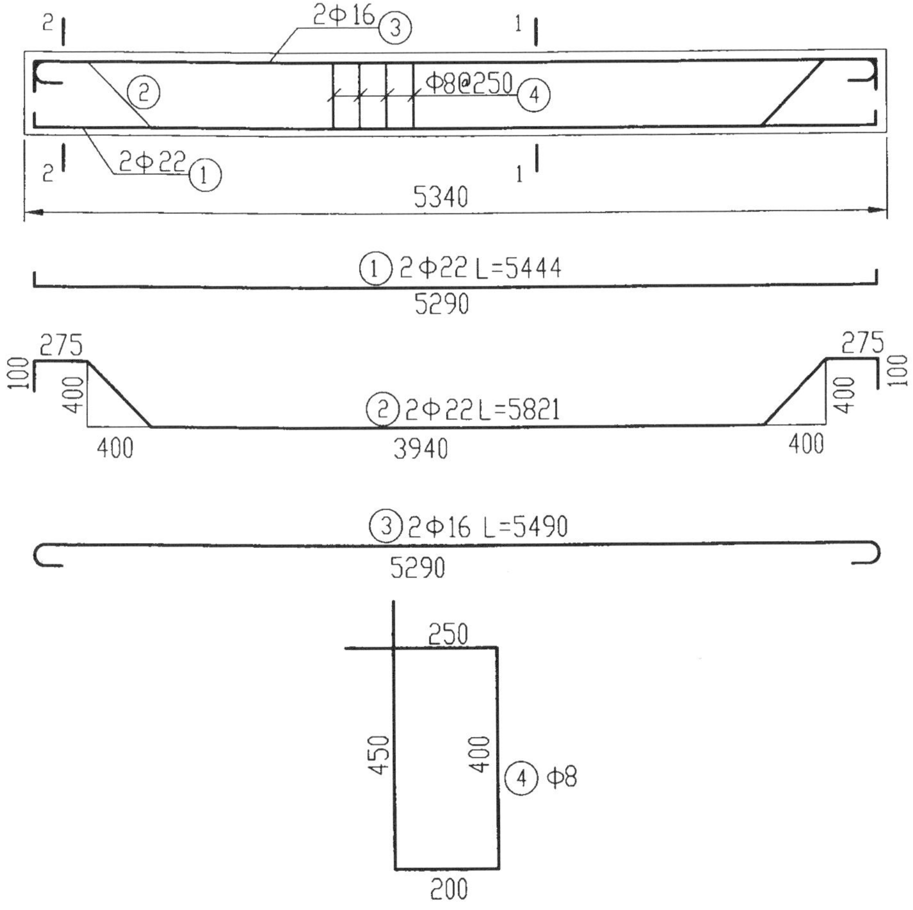

1—1 1:25

2—2 1:25

第10章　房屋建筑图

10-1 房屋建筑图知识填空	姓名		学号		页次	91

1. 建筑图的图线从粗细上可分为________、________、________三种。
2. 定位轴线编号圆用______线绘制，直径_____ mm，详图可增至_____ mm。
3. 索引符号圆用______线绘制，直径_____ mm，详图符号圆用______线绘制，直径是_____ mm。
4. 指北针的圆用______线绘制，直径宜为_____ mm。
5. 平面图中横向轴线的编号，应用__________从______至______顺序编号；竖向轴线的编号，应用__________从______至______顺序编号。
6. 房屋施工图一般由__________、__________、__________、__________、__________组成。

10-2 房屋建筑施工图识读	姓名		学号		页次	92

1.

①-⑤立面图

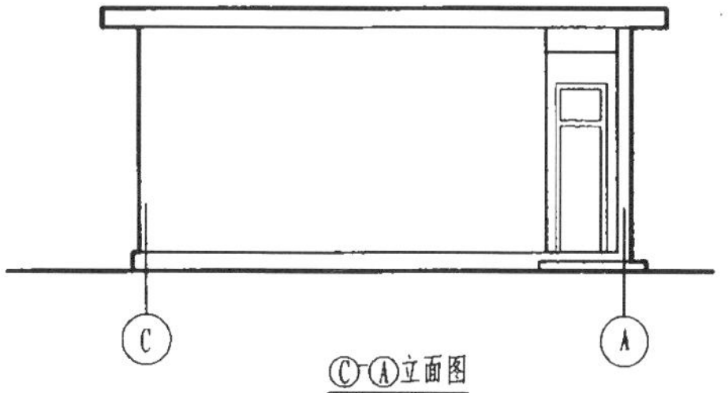

Ⓒ-Ⓐ立面图

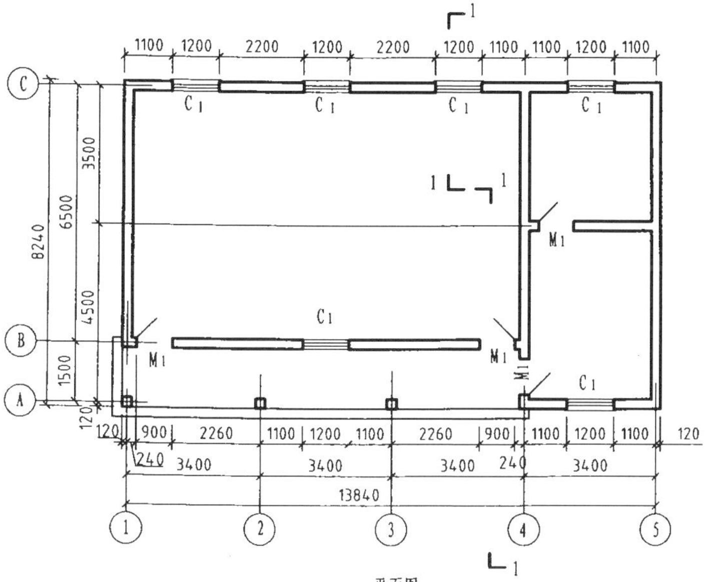

平面图

门窗表

代号	名称	宽	高	数量
C1	双扇普通窗	1200	1800	6
M1	门	900	2700	4

一. 作业内容
1. 了解建筑施工图的表达内容和图示特点
2. 在阅读理解的基础上，抄绘平面图和立面图，补画1-1剖面图

二. 作业要求
1. 用A3图幅绘制，比例1:100
2. 图线分明，符合建筑制图标准
3. 图面整洁

10-2 房屋建筑施工图识读	姓名		学号		页次	93

2.

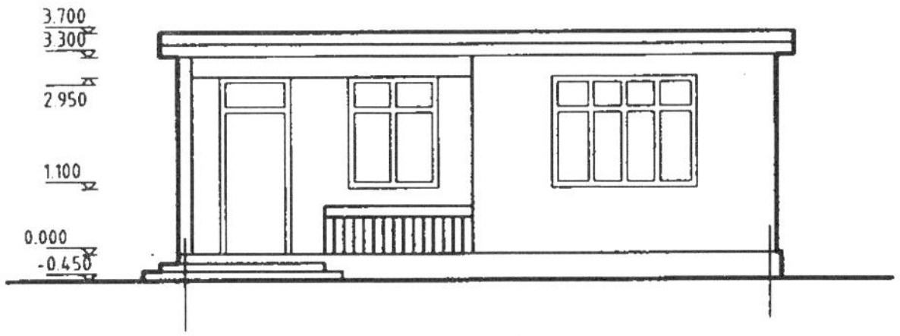

正立面图 1：100

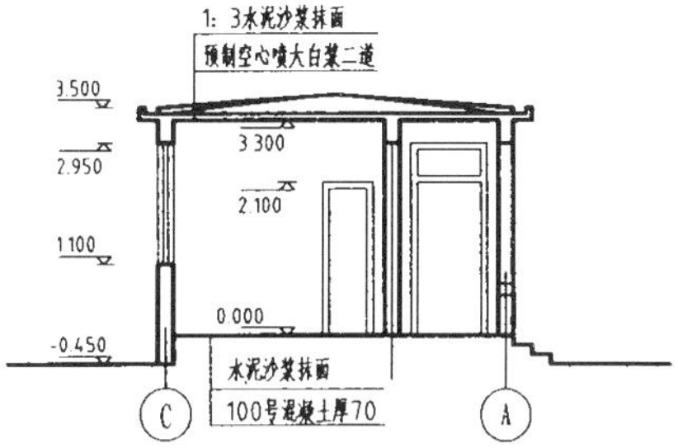

1-1剖面图 1：100

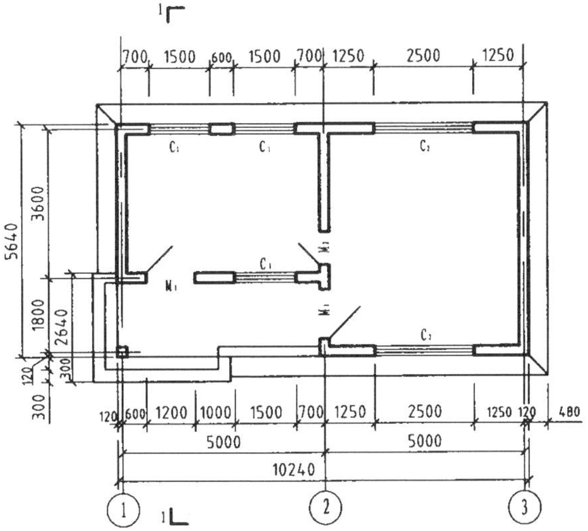

平面图 1：100

一、作业内容

1. 了解建筑施工图的表达内容和图示特点
2. 在阅读理解的基础上，抄绘平面图、立面图、1-1剖面图，补画背立面图，列门窗表

二、作业要求

1. 用A3图幅绘制，比例1：100
2. 图线分明，符合建筑制图标准
3. 图面整洁

10-3 房屋结构施工图识读	姓名		学号		页次	94

1.

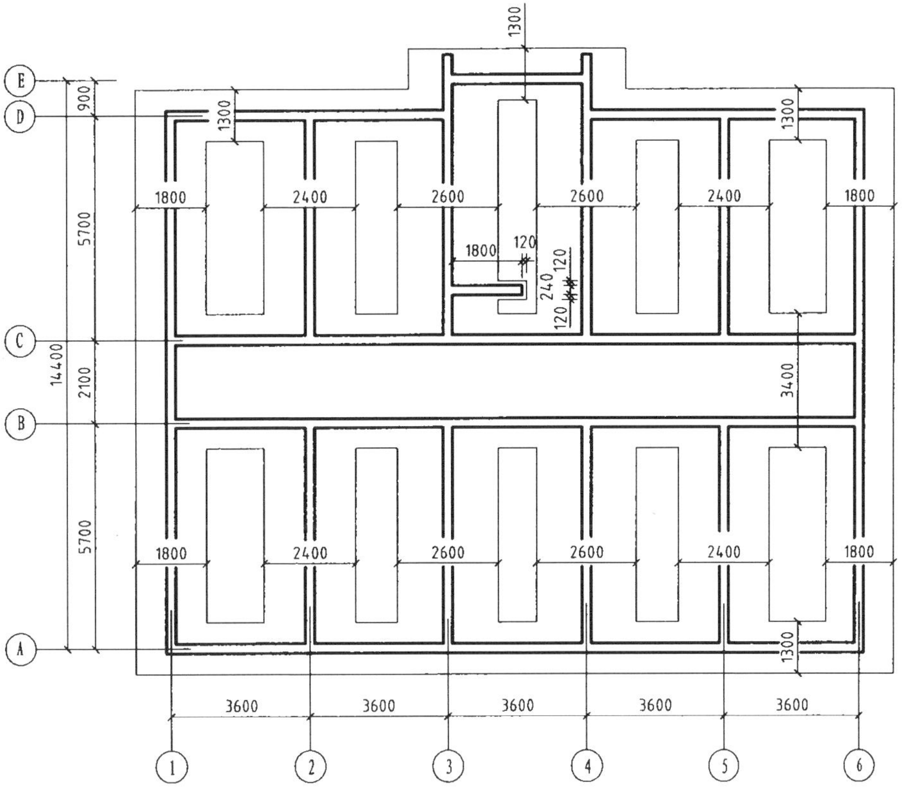

基础平面图 1：100

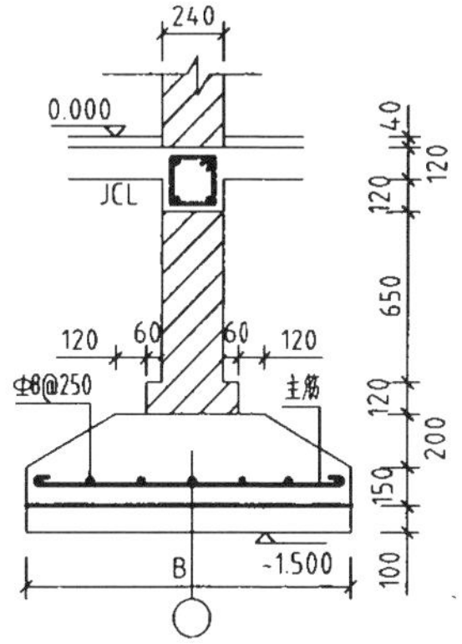

J 1：30

基础宽度	主筋
1300	Φ8@250
1800	Φ10@150
2400	Φ12@160
2600	Φ14@180

一、作业内容

1. 了解一般民用建筑基础平面图和基础详图的表达内容和图示特点
2. 在阅读理解的基础上，抄绘基础平面图和基础详图

二、作业要求

1. 用A3图幅绘制，比例1：100（详图用1：10）
2. 图线分明，符合建筑制图标准
3. 图面整洁

2.

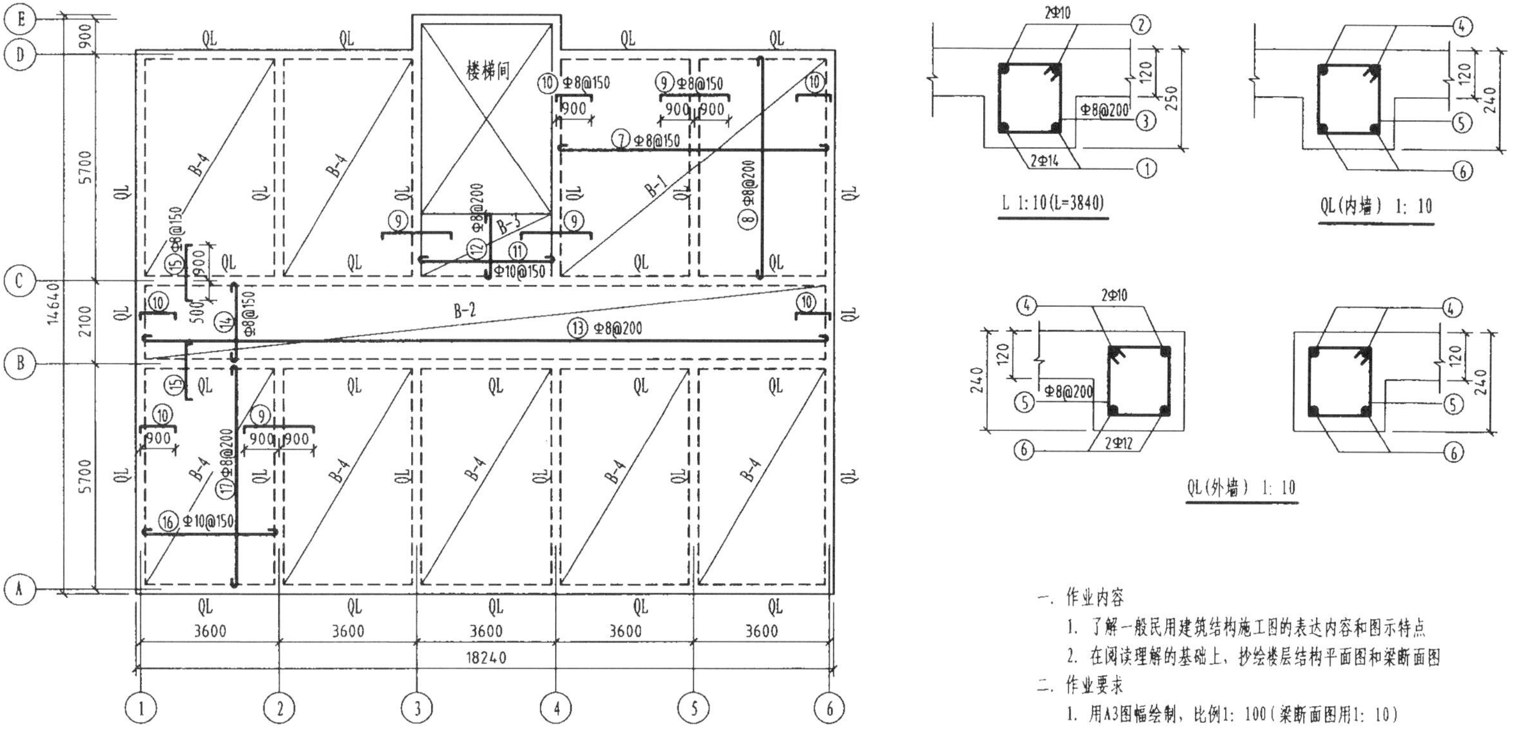

楼层结构平面图 1：100

一、作业内容

1. 了解一般民用建筑结构施工图的表达内容和图示特点
2. 在阅读理解的基础上，抄绘楼层结构平面图和梁断面图

二、作业要求

1. 用A3图幅绘制，比例1：100（梁断面图用1：10）
2. 图线分明，符合建筑制图标准
3. 图面整洁

10-4 室内给排水图知识填空	姓名		学号		页次	96

1. 给水与排水专业制图除了要符合投影原理外，还应遵守（《 》）（GB/T50106-2001）和（《 》）（GB/T50001-2001）以及国家现行的有关标准、规范的规定。

2. 室内给水系统的流程为：（ - - - - ）；室内排水系统的流程为：（ - - - ）。

3. 常用（ ）作为给水系统和给水管的代号，用（ ）作为废水系统和废水管的代号，用（ ）作为污水系统和污水管的代号。

4. 室内给水与排水施工图通常由（ 、 、 、 ）等组成。

5. 《给水排水制图标准》规定，给水排水轴测图宜按45°正面斜轴测投影法绘制，我国习惯采用（ ）来绘制轴测图。

6. 在给水系统中，标高以（ ）为准，一般要注引水管、阀门、放水龙头、卫生设备的连接支管、各层楼地面、屋面、水箱的顶面和底面等处的标高。在排水系统图中，横管的标高以（ ），一般应标注立管上的通气帽、检查口、排出管的起点标高。

7. 给水排水管的管径尺寸应以（ ）为单位，以（ ）表示。

8. 阅读教材图9-24、图9-25、图9-26、图9-27、图9-30、图9-31，完成下列各题：

（1）统计系统中阀门、水表和放水龙头的数量（不包括水箱及其附件）。

（2）在给水系统中，总进水管的标高为（ ），管径为（ ），立管在各层分支处的标高分别为（ ）。

（3）排水系统中，各层检查口的标高分别为（ ），−1.100m指的是（ ）标高，5.980m指的是（ ）标高。

（4）水箱两进水口的标高为（ ），管径为（ ），两出水口的标高为（ ），管径为（ ），水箱上标高为14.300，管径DN70的管子为（ ），这根管子的作用是（ ）。

（5）立管JL-1为（ ）边（ ）层住户供水，立管JL-2为（ ）边（ ）层住户供水，JL-3为（ ）边（ ）层住户供水，JL-4为（ ）边（ ）层住户供水；FL-1为（ ）边（ ）层住户排除废水，FL-2为（ ）边（ ）层住户排除废水；WL-1为（ ）边（ ）层住户排除大便器所排出的污水，WL-2为（ ）边（ ）层住户排除大便器所排出的污水。

9. 填写下列图例符号的名称及字母、数字的含义：

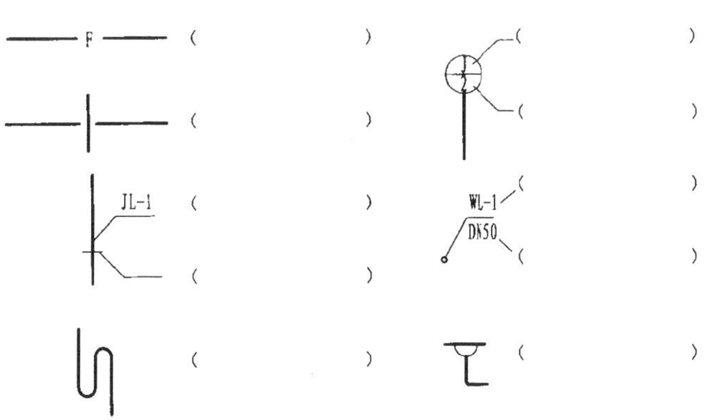

第11章 钢结构图

11-1 钢结构图	姓名		学号		页次	97

1. 根据给出的焊缝型式示意图，在右图中对焊缝进行标注。

(1)带钝边V形焊缝，单面焊。

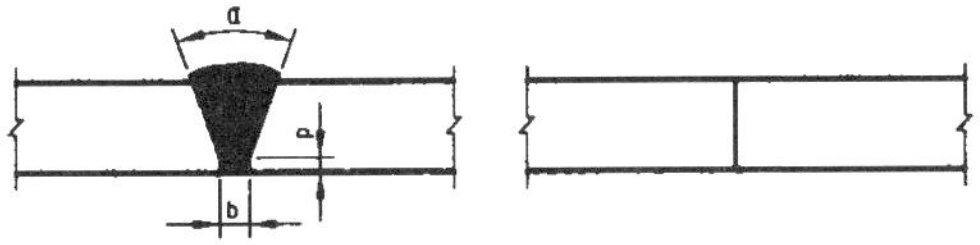

(2)带钝边V形焊缝，双面焊。

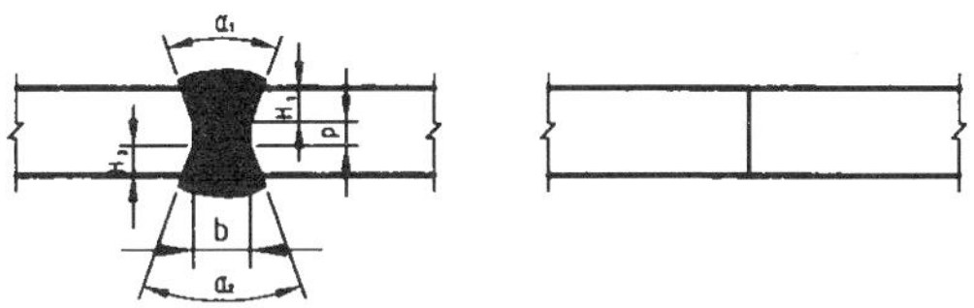

(3)角焊缝，双面焊。

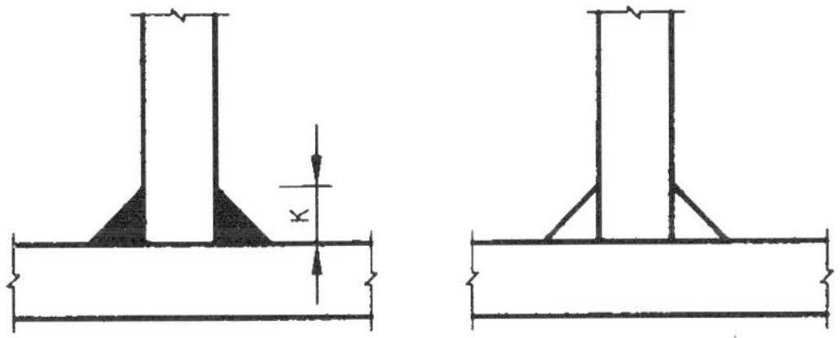

(4) 角焊缝，3个焊件相互焊接。

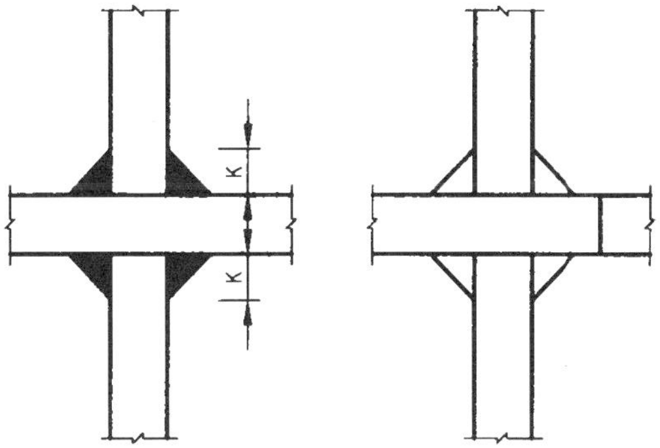

(5)角焊缝，三面焊。

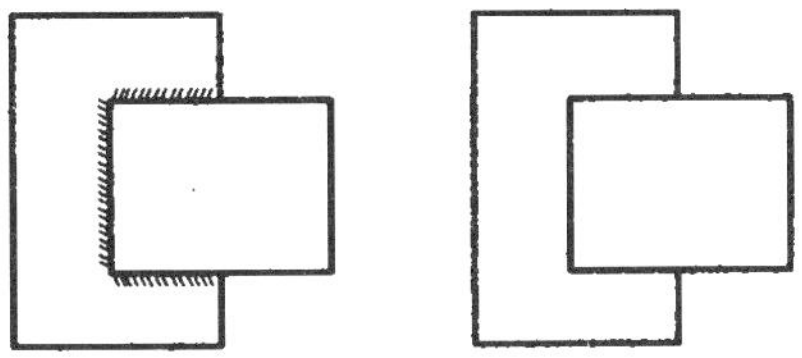

第12章 机械图

12-1 读机械图回答问题	姓名		学号		页次	98

1. 读12-2零件图回答问题

(1) 零件的名称________，材料________，数量________，比例________。

(2) 零件共用了________个图形，它们各采用的表达方法是______________________________。

(3) 该零件的表面粗糙度一共有________种，最高的为________，最低的为________。

(4) 该零件有________处涉及到公差值，它们分别是________、________、________。它们的公差值分别为________、________、________。

(5) 该零件的结构形状是什么样的？请画出它的正等测轴测图草图。

2. 读12-3装配图回答问题

(1) 油泵共由_______种零件组成，其中10号零件是_______，规格为_______，数量为______。

(2) 主动齿轮轴是______号零件，齿轮的齿数为_______；从动齿轮轴是_____号零件，齿轮的齿数为______。

(3) 尺寸标注Φ14h6，其中h表示______________；6表示______________。

(4) 简述齿轮油泵的工作原理：

12-2 读支架零件图

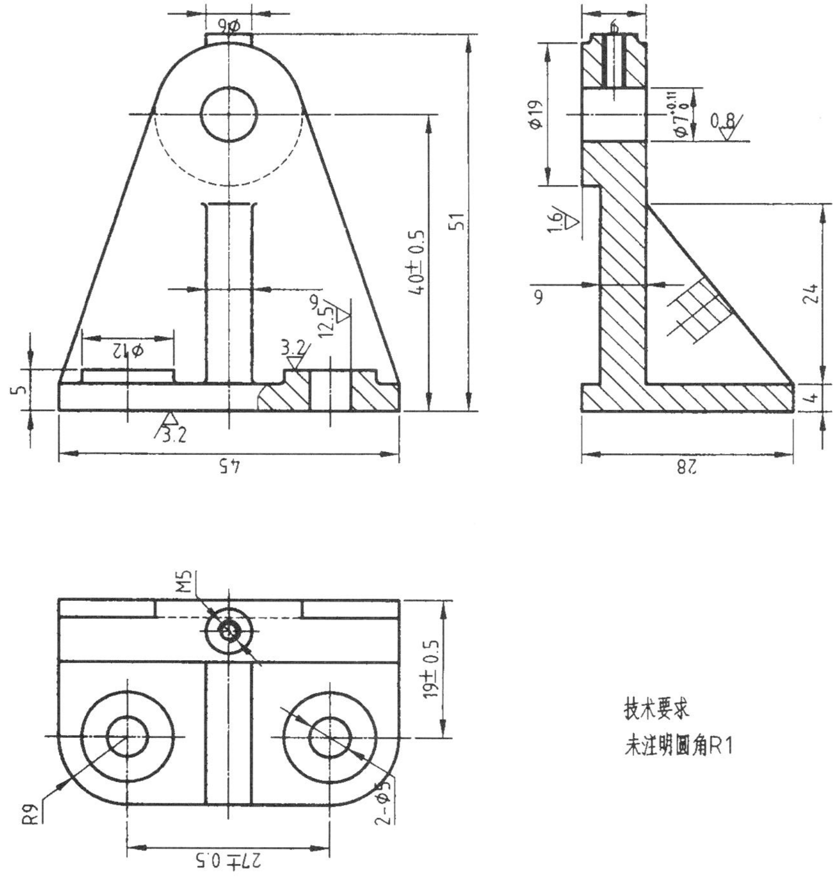

技术要求
未注明圆角R1

支架	比例	数量	材料	图号
	1:2	2	HT200	02
制图				
校核				

姓名		学号		页次	99

12-3 读油泵装配图	姓名		学号		页次	100

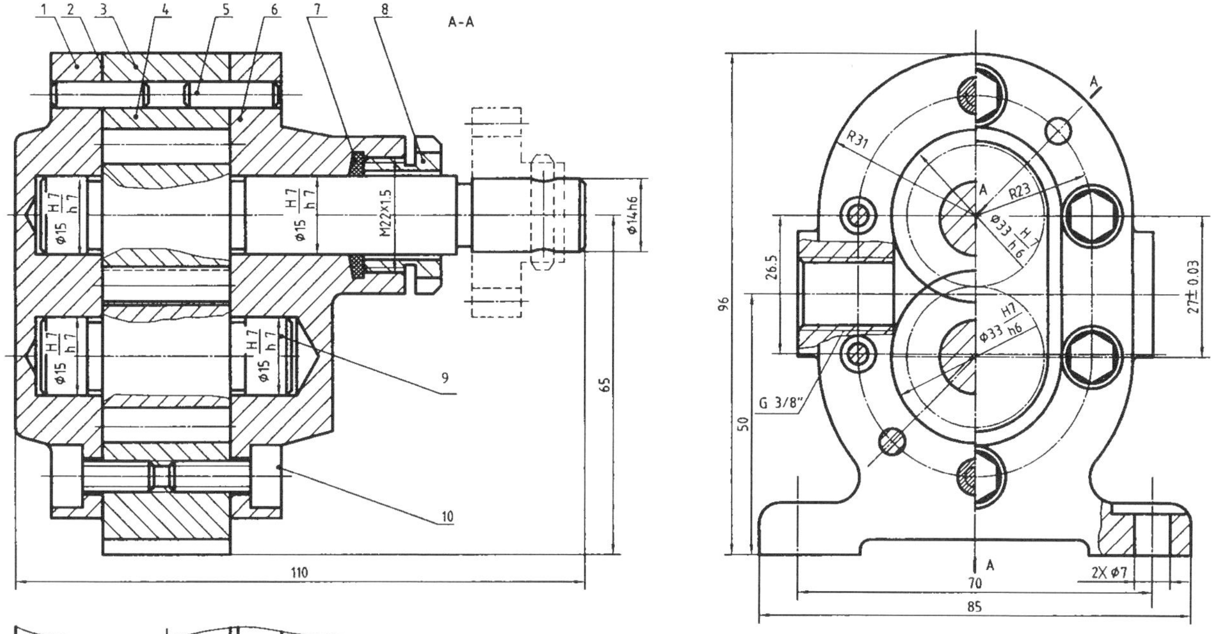

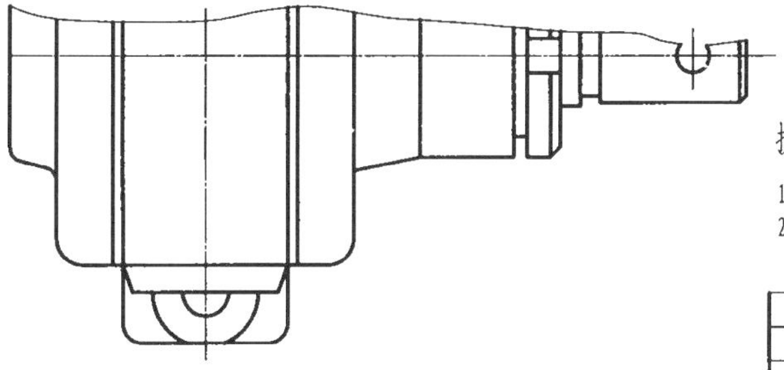

技术要求

1. 齿轮安装后，用手转动主动齿轮轴时，应灵活旋转
2. 校验时各结合面不得有漏油现象

序号	名称	数量	材料	附注
10	螺钉M6×20	12	35	GB70-85
9	从动齿轮轴	1	45	m=3 z=9
8	螺塞	1	35	
7	填料	1	橡胶	
6	泵盖	1	HT20-40	
5	销5×20	4	35	GB119-86
4	主动齿轮轴	1	45	m=3 z=9
3	泵体	1	HT20-40	
2	垫片	2	厚纸	
1	泵盖	1	HT20-40	

泵体	比例	1:1
	共1张	第1张
制图		
审核		